U0280442

高效养殖致富直通车

羊病临床诊治彩色图谱

主 编	谷风柱	沈志强	王玉茂	
副主编	庄金秋	张文杰	刘善俊	郭时金
	李克鑫	刘晓曦		
参 编	马焕香	王传坤	王建军	孙 娟
	刘朋朋	李升阳	李玉坤	李 峰
	李 浩	张国林	张国磊	杜海英
	苗立中	林初文	林 玲	范敬常
	武继芳	胡树广	段崇杰	钟丽智
	黄只进	魏秀国		

机械工业出版社

本书以"看图识病、看图治病、看图防病"为目的，从生产实际和临床诊治需要出发，结合笔者多年的临床教学和诊疗经验，针对病毒病、细菌病、寄生虫病和普通病，对羊的发病原因、临床症状、剖检变化、诊断要点和防治措施等进行了简洁明了的阐述，并提出了一些新观点。

全书内容丰富，通俗易懂，图文并茂，简明实用，适宜广大兽医工作者、养殖户和相关技术人员阅读，也可作为大中专院校相关专业、农村函授及相关培训班的辅助教材和参考用书。

图书在版编目（CIP）数据

羊病临床诊治彩色图谱/谷风柱，沈志强，王玉茂主编. —北京：机械工业出版社，2016.6（2023.9 重印）
（高效养殖致富直通车）
ISBN 978-7-111-53838-7

Ⅰ. ①羊… Ⅱ. ①谷… ②沈… ③王… Ⅲ. ①羊病 - 诊疗 - 图谱 Ⅳ. ①S858. 26 - 64

中国版本图书馆 CIP 数据核字（2016）第 111333 号

机械工业出版社（北京市百万庄大街 22 号 邮政编码 100037）
策划编辑：郎 峰 责任编辑：郎 峰
责任校对：孙丽萍 张玉琴 封面设计：闫继曾
责任印制：李 昂
北京瑞禾彩色印刷有限公司印刷
2023 年 9 月第 1 版第 6 次印刷
140mm × 203mm · 8.375 印张 · 2 插页 · 234 千字
标准书号：ISBN 978-7-111-53838-7
定价：59.80 元

凡购本书，如有缺页、倒页、脱页，由本社发行部调换
电话服务 网络服务
服务咨询热线：010-88361066 机 工 官 网：www. cmpbook. com
读者购书热线：010-68326294 机 工 官 博：weibo. com/cmp1952
010-88379203 金 书 网：www. golden-book. com
封面无防伪标均为盗版 教育服务网：www. cmpedu. com

高效养殖致富直通车
编审委员会

序

改革开放以来，我国养殖业发展非常迅速，肉、蛋、奶、鱼等产品产量稳步增加，在提高人民生活水平方面发挥着越来越重要的作用。同时，从事各种养殖业也已成为农民脱贫致富的重要途径。近年来，我国经济的快速发展为养殖业提出了新要求，以市场为导向，从传统的养殖生产经营模式向现代高科技生产经营模式转变，安全、健康、优质、高效和环保已成为养殖业发展的既定方向。

针对我国养殖业发展的迫切需要，机械工业出版社坚持高起点、高质量、高标准的原则，组织全国20多家科研院所的理论水平高、实践经验丰富的专家学者、科研人员及一线技术人员编写了这套"高效养殖致富直通车"丛书，范围涵盖了畜牧、水产及特种经济动物的养殖技术和疾病防治技术等。

丛书应用了大量生产现场图片，形象直观，语言精练、简洁，深入浅出，重点突出，篇幅适中，并面向产业发展需求，密切联系生产实际，吸纳了最新科研成果，使读者能科学、快速地解决养殖过程中遇到的各种难题。丛书表现形式新颖，大部分图书采用双色印刷，设有"提示""注意"等小栏目，配有一些成功养殖的典型案例，突出实用性、可操作性和指导性。

丛书针对性强，性价比高，易学易用，是广大养殖户和相关技术人员、管理人员不可多得的好参谋、好帮手。

祝大家学用相长，读书愉快！

中国农业大学动物科技学院

前　言

　　养羊业是我国畜牧业中的重要支柱产业之一，也是现代农业发展中的优势产业之一。近几年我国全面推进了羊产业结构的战略调整和转型，规模化生产比重快速提升，区域龙头企业不断涌现，辐射和带动作用特别显著，因而各地羊产业发展速度明显加快。然而，羊病仍然是制约羊业发展的主要因素之一。特别是近几年羊小反刍兽疫等病的发生与蔓延，影响了羊农养羊的积极性。因此，控制羊病的发生与发展，是每个兽医工作者的重大责任。

　　本书编写的目的就是通过"看图识病、看图诊病、看图治病、看图防病"，进一步提高基层兽医人员临床羊病的诊断和治疗水平，更好地为羊业发展保驾护航。本书共分为四章，介绍了绵羊和山羊46种临床常见多发疾病，配有360余幅清晰实用的彩图，是基层临床兽医工作者的必备书目。

　　需要特别说明的是，本书所用药物及其使用剂量仅供读者参考，不可照搬。在生产实际中，所用药物学名、常用名与实际商品名称有差异，药物浓度也有所不同，建议读者在使用每一种药物之前，参阅厂家提供的产品说明以确认药物用量、用药方法、用药时间及禁忌等。

　　由于编者知识、临床经验等有限，书中疏漏在所难免，诚请各位专家、同行和读者提出宝贵意见。

谷风柱

目　录

第一章　病毒性疾病

一、羊　痘　病

【简介】 >>>>

羊痘俗称"羊天花"，是由羊痘病毒引起的一种急性、热性、接触性人兽共患传染病。其主要特征是在皮肤和黏膜上出现特异性的痘疹，且通常是由丘疹到水疱，再到脓疱，最后结痂。我国将绵羊痘病列为动物一类传染病。

感染羊痘的羊群生产力及毛的品质大大降低，给养殖者造成巨大的经济损失，严重影响国际贸易和养羊业的发展。绵羊痘还能传染给人，一旦羊群感染本病，饲管人员应高度重视，立即采取防控措施，严防扩散给周边羊群和饲养工人。

【病原及流行特点】 >>>>

羊痘病毒为痘病毒科山羊痘病毒属成员，为有囊膜的双股 DNA 病毒，病毒粒子直径为 100～200nm，呈砖形或卵圆形。羊痘病毒属中的成员均有共同抗原成分。

病羊及病愈后的带毒羊是本病的主要传染源。病毒主要存在于病羊的病灶和分泌物中，经呼吸道、损伤的皮肤或黏膜传染其他羊只。羔羊较成年羊易感；绵羊较山羊易感；细毛羊较其他品种羊易感；全年皆可发病，但以春、秋两季较多发；本病传播快、发病率高、病死率也很高，常导致孕羊流产；多为散发或呈地方性流行。

【临床症状】 >>>>

羊痘包括绵羊痘和山羊痘。绵羊痘的病原为绵羊痘病毒，只能使绵羊发病，具有典型的病理过程，是多种家畜痘病中危害最为严重的一种；山羊痘的病原为山羊痘病毒，只能使山羊发病，此病较少见，其临床症状和病理变化与绵羊痘相似，但症状较轻。典型的发病过程分为前驱期、发痘期、化脓期和结痂期四个阶段。一过型羊痘仅表现轻微症状，不出现或仅出现少量痘疹，呈良性经过。

（1）绵羊痘 病羊突发高热，体温可高达 41 ～ 42℃，食欲减退，精神不振，眼结膜潮红，鼻流浆液性、黏液性或脓性分泌物，呼吸和脉搏加快，1 ～ 2 天后出现痘疹。

痘疹常发生于皮肤无毛或少毛处，多见于头部、眼周围、唇、鼻、颊、四肢、尾腹侧、阴唇、乳房、阴囊和包皮等处。初为红斑，而后形成丘疹，凸出皮肤表面，随后逐渐增大，变成灰白色或浅红色、半球状的隆起结节；结节在几天之内变成水疱，水疱内容物初似淋巴液，后变成脓性即形成脓疱；脓疱破溃后，若无继发感染，则在几天内干燥变成棕色痂块；痂块脱落遗留一个红斑，红斑颜色逐渐变浅痊愈。

病羊也可能出现融合痘（臭痘）、出血痘（黑痘）、石痘（结节增大硬固，不变成水疱）、坏疽痘等其他非典型的恶性经过，病死率可达 20% ～ 50%。

图 1-1-1 头部痘疹，头脸变形

图1-1-2　胸骨区皮肤痘疹（极难发现）

图1-1-3　尾根、尾腹侧皮肤明显痘疹

图 1-1-4 尾腹侧皮肤轻微痘疹

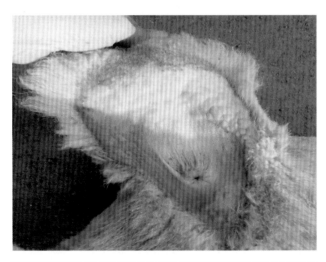

图 1-1-5 尾腹侧皮肤严重痘疹

图 1-1-6 胸腹侧及臂部皮肤痘疹消退

图 1-1-7 头眼耳部皮肤痘疹消退

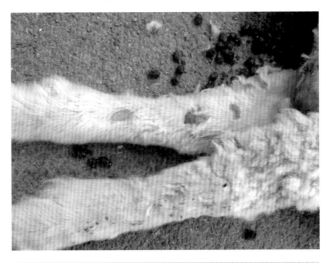

图1-1-8 前肢内侧皮肤痘疹消退

（2）**山羊痘** 病羊发热，体温升高达40~42℃，精神不振，食欲减退或废绝，常拱背、发抖、呆立或伏卧，鼻孔闭塞，呼吸急促。

图1-1-9 舌面单个红色痘疹

在舌面、口唇、尾根、乳房、阴唇、肛门周围、阴囊及四肢内侧均可发生痘疹，有时还出现在头部、腹部及背部的毛丛中，痘疹大小不等，呈圆形红色结节、丘疹，迅速形成水疱、脓疱及痂皮，经3～4周痂皮脱落。山羊痘可并发呼吸道、消化道和关节炎症，严重时可引起脓毒败血症而死亡。

图1-1-10 舌面2个红色痘疹

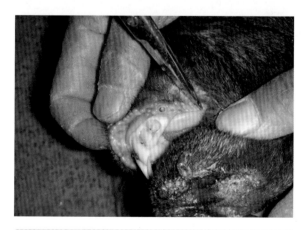

图1-1-11 上唇红色痘疹

图 1-1-12　乳房皮肤痘疹消退

【剖检变化】 >>>>

　　此处仅介绍绵羊痘。常在气管黏膜、肺脏、肾脏、瘤胃壁等处发现痘疹。

图 1-1-13　气管黏膜痘疹

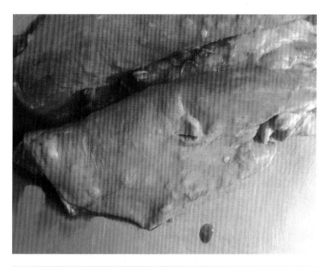

图 1-1-14　肺脏小型痘疹

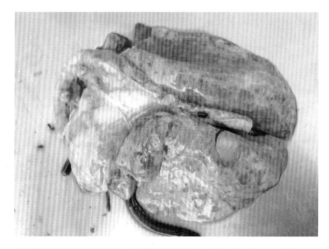

图 1-1-15　肺脏大型痘疹（切开处）

图1-1-16　瘤胃壁白色豆状痘疹

图1-1-17　肾脏灰白色痘疹

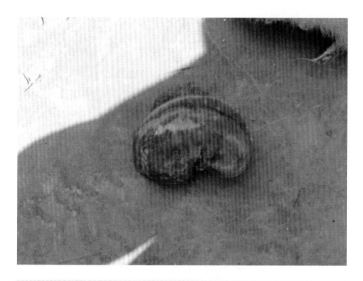

图1-1-18 肾脏皮质白色痘疹

【诊断要点】 >>>>

（1）**临床特征** 临床幼羊发病较多，为典型痘疹。

（2）**剖检变化** 气管、肺脏、胃、肾脏等有特征性痘疹。

【预防措施】 >>>>

（1）**慎重引进** 防止引入病羊和带毒羊是关键。新引入的羊只必须隔离检疫1个月以上，确认健康后方可混入大群。

（2）**定期防疫** 每年用羊痘鸡胚化弱毒疫苗或细胞化弱毒冻干疫苗进行预防接种，尾根内侧或股内侧皮内注射，按瓶签注明头份，用生理盐水（或注射用水）稀释为每头份0.5mL，不论羊只大小，每只0.5mL，4~6天可产生免疫力，免疫期可持续1年。

（3）**紧急接种** 发现病羊和可疑羊应立即隔离治疗；更换垫料，改善羊舍通风条件，消毒；对假定健康羊用山羊痘活疫苗接种，注射剂量也为每只0.5mL。

【治疗措施】 >>>>

一般采取对症治疗。对皮肤上的痘疹，涂以碘酊或甲紫溶液（紫药水）；水疱或脓疱破裂后，应先用3%来苏儿或苯酚洗涤，然后涂药；对黏膜上的病灶先用0.1%高锰酸钾冲洗患处后，涂以碘甘油、甲紫（龙胆紫）溶液、硼酸软膏或四环素软膏等。为防止继发感染，可辅助应用抗病毒药和抗生素等。

中药疗法：可采用葛根汤（葛根15g，紫草15g，苍术15g，黄连9g或黄檗15g，白术30g，绿豆30g）灌服，每天1剂，连服3剂。病愈后的羊可产生终生免疫力，可用其血清对其他病羊进行治疗（存在一定风险），大羊10～20mL、小羊5～10mL，皮下注射。

一旦发生疫情应严格按照《重大动物疫病应急预案》《国家突发重大动物疫情应急预案》和《绵羊痘、山羊痘防治技术规范》进行处置。

二、传染性脓疱病

【简介】 >>>>

羊的传染性脓疱病俗称羊口疮，旧称传染性脓疱性皮炎，是由传染性脓疱病毒（又称为羊口疮病毒）引起的一种急性、高度接触性、人兽共患传染病。临床上以唇、鼻、眼睑、乳房、四肢皮肤及口腔黏膜形成红斑、丘疹、水疱、脓疱、溃疡和结成疣状厚痂为特征。本病在世界各地均有发生，我国北方、西北等养羊较多的地方较常见，是羊的主要疫病之一。

【病原及流行特点】 >>>>

传染性脓疱病毒为痘病毒科副痘病毒属成员，为有囊膜的双股DNA病毒。病毒粒子呈砖形或呈椭圆形的线团样（病毒粒子表面呈特征性的管状条索斜形交叉，呈编织样外观），大小为（200～250）nm×（125～175）nm，一般排列较为规则。

病羊和带毒羊是主要传染源，特别是病羊的痂皮带毒时间较长。本病主要通过损伤的皮肤、黏膜感染发病。自然感染是由于引入病羊或带毒羊，或者利用被病羊污染的饮水、饲料、圈舍和牧场等引起的。

本病主要危害绵羊和山羊，且以3～6月龄的羔羊发病为多，常呈群发性流行；刚组建的羊群和第一年生产的羔羊易发；羔羊发病率高达100%，平均死亡率为1%～15%；1周龄内幼羔发病后病死率高达90%；成年羊也可感染发病，但多为散发。高死亡率由继发败血症所致。

本病多发生于每年的早春（2、3月）和秋初（8、9月）。由于病毒的抵抗力强，羊群一旦染病则不易清除，可持续危害多年。接触病羊的人及猫也可感染发病。康复羊发育受阻。

【临床症状】 >>>>

常在唇、口角、鼻和眼睑出现小而散在的红斑，很快形成豆大的结节，继而成为水疱和脓疱，后者破溃后结成黄色或棕褐色的疣状硬痂。若为良性经过，痂垢逐渐扩大、加厚、干燥，1～2周内脱落而恢复正常。严重病例，患部继续发生丘疹、水疱、脓疱、痂垢，并相互融合，波及整个唇部、面部、眼睑和耳郭，形成大面积龟裂和易出血的污秽痂垢，痂垢下往往伴有肉芽组织增生，使得整个嘴唇肿大外翻呈"桑葚样""菜花样"凸起，严重影响采食，病羊逐渐衰弱死亡。

有化脓菌和坏死杆菌等继发感染，可引起深部组织的化脓和坏死，使病情加重。少数病例可因继发细菌性肺炎而死亡。通过病羔羊的传染，母羊乳头皮肤也可发生上述病变。

母羊乳头和乳房的皮肤上发生丘疹、水疱、脓疱、烂斑和痂垢（多因羔羊吃奶而传染）。

图 1-2-1 轻度口炎（流涎）

图 1-2-2 中度口炎（流涎）

图1-2-3　重度口炎（口不能闭合）

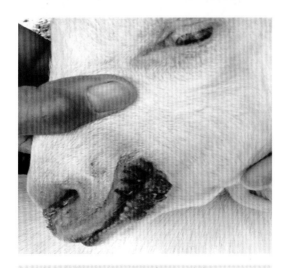

图1-2-4　口角糜烂（结痂）

图1-2-5　口鼻糜烂（结痂）

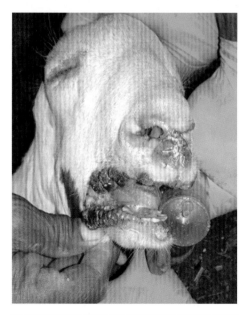

图1-2-6　重度口角糜烂（鼻唇溃疡）

杨永军 摄

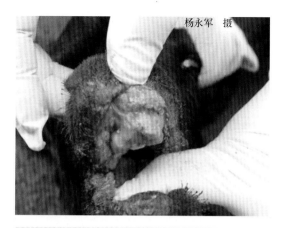

图 1-2-7 上唇疮面糜烂、菜花样增生

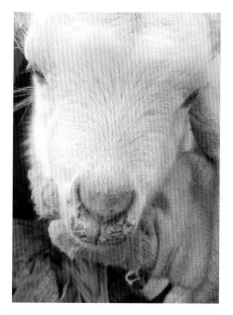

图 1-2-8 上唇结硬痂、龟裂

图 1-2-9　口唇疣状物形成

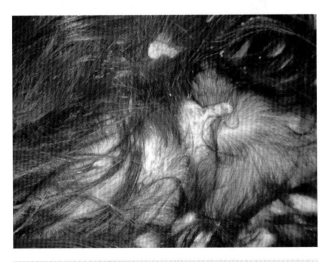

图 1-2-10　乳头溃烂

【诊断要点】 >>>>

口角周围出现丘疹、脓疱、结痂及桑葚状增生性肉芽、痂垢。

【预防措施】 >>>>

1）防止引入病羊和带毒羊是关键。新引入的羊只必须隔离检疫1个月以上，确认健康后方可混入大群。

2）羔羊16～18日龄时注射羊传染性脓疱油乳剂灭活疫苗，口腔黏膜内接种免疫，以后每6个月免疫1次，皮肤划痕接种。母羊春、秋季各注射1次。

3）发现病羊和可疑羊应立即隔离治疗，更换垫料，改善羊舍通风条件，消毒。对假定健康羊紧急接种疫苗。

【治疗措施】 >>>>

（1）局部疗法　一般采取对症治疗，先将病羊口唇部的痂垢剥除干净，然后用食醋或1%高锰酸钾溶液冲洗疮面，再涂抹碘甘油（将碘酊和甘油按1:1的比例充分混合即成）或碘酊、甲紫溶液（紫药水）、冰硼散、鱼石脂软膏、尿素软膏等，每天2次，直至痊愈。

（2）全身疗法　应用抗病毒药＋抗生素肌内注射，防止肺部继发感染；维生素C 5mL，维生素B$_2$ 10mL，混合肌内注射，每天1次，连用3天为1个疗程，间隔2～3天进行第2个疗程。

（3）中药疗法　以祛腐生肌、消炎止痛为原则，配制中药和冰硼散、雄黄散、脱腐生肌散等涂敷患部。也可以用金银花、野菊花、蒲公英、紫花地丁各等份，粉碎成末，混合玉米面喂服。

（4）血清疗法　病愈后的羊只能够产生终生免疫力，可用其血清对其他病羊进行治疗，大羊10～20mL、小羊5～10mL，皮下注射。

三、小反刍兽疫

【简介】 >>>>

小反刍兽疫又称为羊瘟或伪牛瘟，是由小反刍兽疫病毒引起的山羊和绵羊等小反刍兽的一种急性、烈性、接触性传染病。临床上以发热、口炎、腹泻、肺炎为主要特征。山羊发病率和病死率均较高。国际规定本病为 A 类烈性传染病，我国也将其列为 I 类动物疫病。本病于 1942 年首次在非洲科特迪瓦共和国发生，近几年在我国的周边国家频频发生，2007 年我国西藏自治区日土县发生疫情，现已严重威胁到我国养羊业的健康与发展。我国政府已经采取了严格的防控措施。

【病原及流行特点】 >>>>

小反刍兽疫病毒为副粘病毒科麻疹病毒属成员，为有囊膜的单股负链 RNA 病毒，病毒粒子呈近球形，直径为 120 ~ 390nm。本病毒无血凝性，不凝集猴、牛、绵羊、山羊、马、猪、犬、猫、豚鼠和鸡等动物的红细胞。目前本病毒只发现 1 个血清型，分为 4 群。

本病自然宿主为山羊和绵羊，山羊比绵羊更易感，尤其以 3 ~ 8 月龄的山羊最易感；绵羊、羚羊、美国白尾鹿次之；牛、猪等可以感染，多为亚临床经过；野生动物偶然发生。

病羊是本病的主要传染源。病毒存在于发热期的血液、淋巴结、眼结膜、鼻咽部、胃肠道黏膜、肺脏等组织中。主要通过呼吸道飞沫传播，也可经精液、胚胎、哺乳传染给幼羔。

本病主要流行于非洲西部、中部和亚洲的部分地区。无季节性，多呈流行性或地方流行性。

【临床症状】 >>>>

本病潜伏期为 4~6 天，最长达 21 天。其临床症状和牛瘟相似，但只有山羊和绵羊感染后才出现症状，感染牛则不出现临床症状。

发病急剧，体温高达 41℃ 以上，可持续 3~5 天。病初，病羊精神沉郁，食欲减退，鼻流黏液脓性分泌物；反刍减少，粪便变软、呈盘状，严重时剧烈腹泻，呈黄绿色；结膜充血、潮红，流泪；齿龈充血，口腔黏膜弥漫性溃疡和大量流涎，病变部位可能转变成坏死。发病中后期，病羊出现带血水样腹泻，严重脱水，消瘦，怀孕羊可能流产。随之体温下降，因二次细菌性感染出现咳嗽、呼吸异常。本病发病率可达 100%，在严重暴发时，死亡率可达 100%，幼年动物发病率和死亡率都很高。超急性病例可能无病变，仅出现发热即死亡。

图 1-3-1 病羊高热、精神沉郁

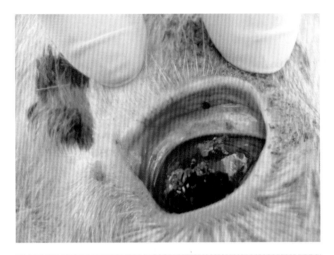

图1-3-2　病羊眼结膜充血

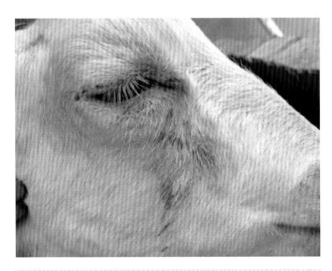

图1-3-3　病羊眼炎流泪

图 1-3-4　病羊鼻炎流浆液性鼻液

图 1-3-5　鼻炎流黏液性鼻液

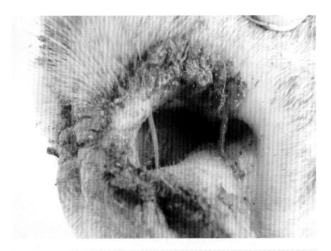

图1-3-6 鼻黏膜充血，流脓性鼻液

图1-3-7 鼻孔沾有料渣

图1-3-8 口鼻均有料渣

图1-3-9 病羊口流白沫

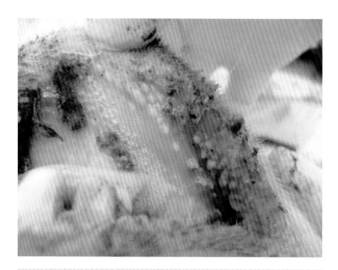

图1-3-10　口唇溃烂

图1-3-11　病羊粪便不呈球状呈盘状

图1-3-12 病羊粪便变软

图1-3-13 病羊粪便变稀

图 1-3-14 病羊粪便变稀呈绿色

图 1-3-15 病羊粪便呈血色

【剖检变化】 >>>>

可见坏死性口炎、舌面瘀血溃烂；喉头水肿、出血，气管出血、有黏液，肺脏出血；肝脏有坏死灶并变软；皱胃病变是特征，常见出血，而瘤胃、网胃、瓣胃很少出现病变；肠管糜烂或出血。

图 1-3-16　舌体瘀血

图 1-3-17　舌体有溃烂灶

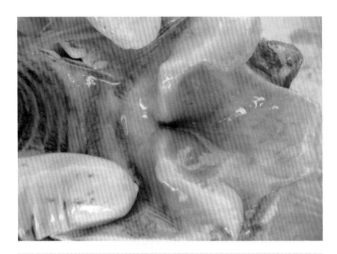

图1-3-18 喉头水肿

图1-3-19 喉头出血

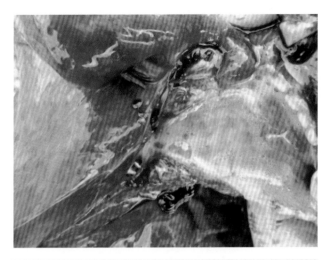

图1-3-20 气管内有黏液

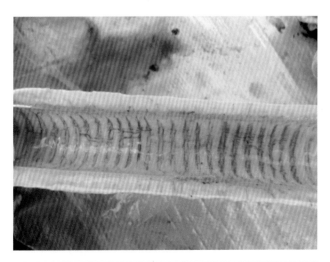

图1-3-21 气管环出血

图 1-3-22 肺炎、肺脏出血

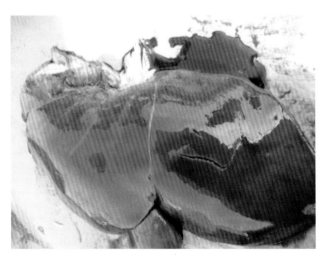

图 1-3-23 肝脏有坏死灶、质脆易碎

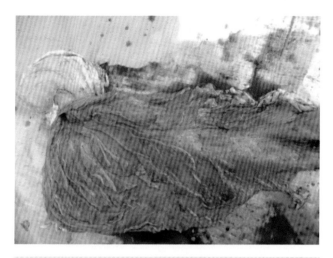

图 1-3-24　皱胃弥漫性出血

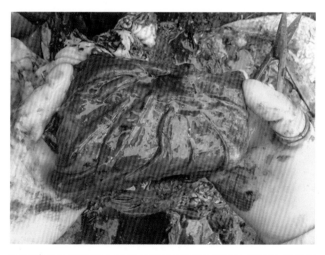

图 1-3-25　皱胃重度出血

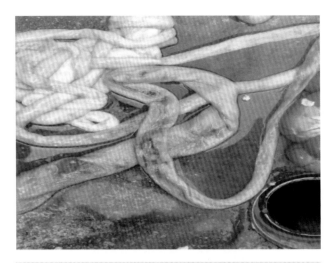

图1-3-26　结肠斑马状出血

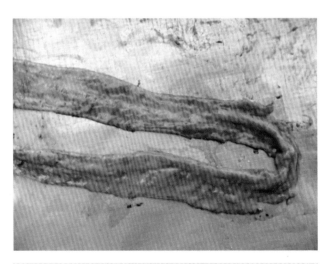

图1-3-27　空肠弥漫性出血

图1-3-28 回肠外观积血

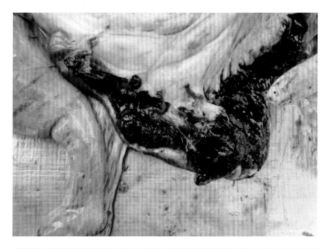

图1-3-29 回肠切开后有血便

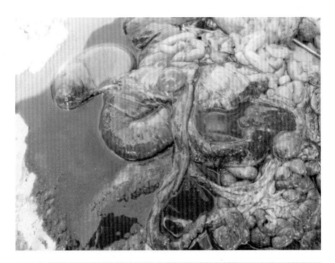

图 1-3-30　结肠内积有稀便

【诊断要点】 >>>>

（1）临床特征　眼炎、鼻炎、口炎。

（2）剖检变化　肺炎、胃炎、肠炎。

【防治措施】 >>>>

1）防止引入病羊和带毒羊是关键。新引羊只必须隔离检疫 1 个月以上，确认健康后方可混入大群。

2）预防可选择小反刍兽疫病毒灭活疫苗、弱毒疫苗、重组亚单位疫苗等注射。目前我国有关单位所产疫苗临床使用效果尚佳。

3）控制。在本病的洁净地区发现病例，应严密封锁，扑杀患病羊，隔离消毒。在发病初期尚未确诊本病时，可使用中药及抗生素对症给药和预防继发感染。

一旦发生疫情应严格按照《重大动物疫病应急预案》《国家突发重大动物疫情应急预案》和《小反刍兽疫防治技术规范》进行处置。

四、口 蹄 疫

【简介】 >>>>

口蹄疫是由口蹄疫病毒引起的牛、羊、猪等偶蹄类动物共患的一种急性、热性、高度接触性传染病。临床以口腔黏膜、蹄部和乳房皮肤发生水疱和溃烂为特征，俗称"口疮""蹄癀"。本病危害严重、病原变异性强，被世界动物卫生组织列为 A 类动物传染病之首。

【病原及流行特点】 >>>>

口蹄疫病毒为微 RNA 病毒科口蹄疫病毒属成员，为无囊膜的单股 RNA 病毒，病毒粒子呈球形，直径为 27nm。本病目前已知有 7 个血清型，即 A 型、O 型、C 型、南非 I 型、南非 II 型、南非 III 型及亚洲 I 型。同一血清型又有若干不同的亚型，已知至少有 65 个亚型。各血清型之间几乎没有交叉免疫性，同一血清型内各亚型之间仅有部分交叉免疫性。

本病主要靠直接和间接接触传播，消化道和呼吸道传染是主要传播途径，也可经损伤的皮肤、黏膜、乳头等感染。本病传播迅速，流行猛烈，往往在同一时间内，牛、羊、猪等偶蹄动物一起发病，且发病数量多，难以控制，又多沿交通线向四周传播。空气传播对本病的快速大面积流行起着十分重要的作用，常可随风散播到 50km 外发病，故有"顺风传播"之说。新疫区常呈流行性，发病率可达 100%；而在老疫区，发病率较低。

本病的发生和流行具有明显的季节性，一般秋末开始，冬季加剧，春、夏季减少。易感动物的大批流动，污染的畜产品和饲料的转运，运输工具和饲养用具的任意流动，利用污染的牧场、水源和饲料，非易感动物和人员的随意往来及兽医卫生防疫措施执行不严等，均是本病发生、流行的因素。

【临床症状与剖检变化】 >>>>>

羊感染口蹄疫病毒后的潜伏期为 1~7 天。病羊初期体温可达 40~41℃，精神沉郁，食欲减退或拒食，闭口、流涎、脉搏和呼吸加快，口腔、蹄、乳房等部位出现水疱、溃疡和糜烂。山羊水疱多见于口腔硬腭和舌面，蹄部病变较轻。病羊水疱经 1~2 天自行破溃后形成烂斑，然后逐渐愈合，此时体温明显下降，症状逐渐好转。病羊四肢同时患病时呈伏卧状，起立困难；站立时呈交替负重状，并经常抖动后肢；运步时呈严重跛行。若不发生其他并发症，一般愈后良好，死亡率较低。

哺乳羔羊对口蹄疫特别敏感，呈现心肌炎症状，死亡率较高。心肌有灰白色或浅黄色、针头大小的斑点或条纹，似虎斑，称为"虎斑心"。

图 1-4-1　病羊精神沉郁、采食障碍

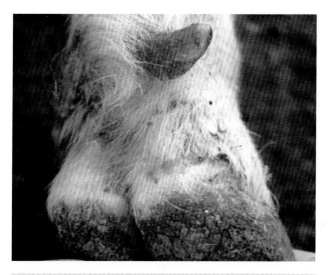

图1-4-2 蹄冠部有水疱破裂，流出黏性液体

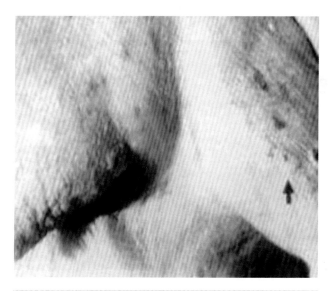

图1-4-3 乳房皮肤发生水疱

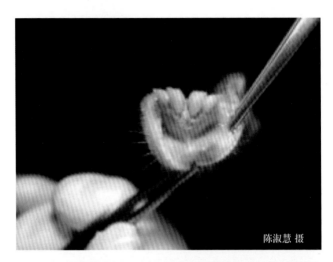

陈淑慧 摄

图1-4-4 口唇内侧发生水疱并溃烂

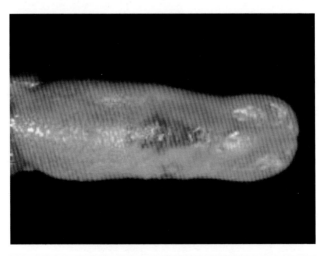

图1-4-5 舌面黏膜有浅红色糜烂

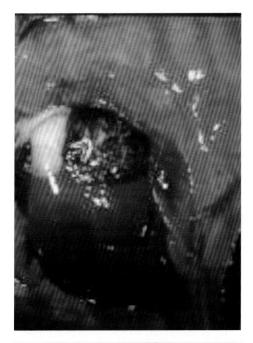

图1-4-6 心肌坏死呈虎斑心

【诊断要点】 >>>>

（1） **临床特征** 口腔、蹄部、乳房有水疱或破溃。

（2） **鉴别诊断** 注意与羊传染性脓疱病、羊痘、蓝舌病等鉴别。

【预防措施】 >>>>

（1） **慎重引进** 防止引入病羊和带毒羊是关键。新引羊只必须隔离检疫1个月以上，确认健康后方可混入大群。

（2） **强制防疫** 按照国家规定实施强制免疫，特别是种羊场、规模饲养场（户）需严格按照免疫程序实施免疫。

（3） **紧急接种** 对疫区和受威胁区未发病羊群，选用与当地流行的口蹄疫毒型相同的疫苗，进行紧急免疫接种。

【治疗措施】 >>>>>

本病经有关部门同意方可用药。根据患病部位不同，给予不同治疗。

口腔可用0.1%高锰酸钾、食盐水或3%醋酸洗涤，疮面上涂2%明矾、1%硫酸铜或碘甘油，也可撒冰硼散。

蹄部可用3%甲紫溶液（紫药水）、3%来苏儿或1%福尔马林等洗涤，擦干后涂松榴油或鱼石脂软膏。

乳房可用肥皂水或2%~3%硼酸水清洗，然后再涂上青霉素软膏。要定期将奶挤出以防乳房发炎。

为了预防继发性感染，可应用抗菌药物。

一旦发生疫情应严格按照《重大动物疫病应急预案》《国家突发重大动物疫情应急预案》和《口蹄疫防治技术规范》进行处置。

五、伪狂犬病

【简介】 >>>>>

羊的伪狂犬病又名"传染性延髓麻痹""奇痒病"，是由伪狂犬病病毒引起的家畜和野生动物共患的一种急性传染病。临床上以发热、奇痒及脑脊髓炎症状为特征，给养羊业造成了一定威胁和损失。本病主要侵害中枢神经系统，因临诊表现与狂犬病相似，曾一度被误认为狂犬病，后证实是由不同的病毒所引起的，被命名为伪狂犬病，以示区别。

【病原及流行特点】 >>>>>

伪狂犬病病毒在分类上属于疱疹病毒科水痘病毒属，核酸类型为双股RNA。伪狂犬病病毒具有疱疹病毒的一般形态特征，成熟的病毒粒子由含有基因组的核芯、衣壳和囊膜三部分组成。伪狂犬病病毒能在鸡胚及多种哺乳动物细胞上培养增殖，并产生核内嗜酸性包涵体。

病毒在发病初期存在于血液、乳液、尿液及脏器中，而在疾病后期，则主要存在于中枢神经系统。

　　该病毒对外界环境抵抗力强，畜舍内干草上的病毒夏季可存活3天，冬季可存活46天。

　　羊感染伪狂犬病多与带毒的猪、鼠接触有关。本病主要通过消化道、呼吸道感染，也可经受伤的皮肤、黏膜及交配传染，或者通过胎盘、哺乳发生垂直传染。本病一般呈地方性流行或流行性，以冬、春季发病较多。

【临床症状】 >>>>

　　潜伏期为3～6天。羊感染伪狂犬病多呈急性病程，体温升高，精神委顿，肌肉震颤，出现奇痒。常见病羊用前肢摩擦口唇、头部等痒处，有时啃咬痒部并发出凄惨叫声或撕脱痒部被毛。病羊卧地不起，食欲减退或拒食，咽喉部麻痹，流出带泡沫的唾液及浆液性鼻液。多于发病后1～2天内死亡，山羊患病病程可稍有延长。

图1-5-1　流浆液性鼻液、口角有泡沫

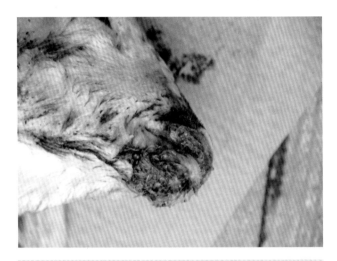

图1-5-2　口流大量唾液

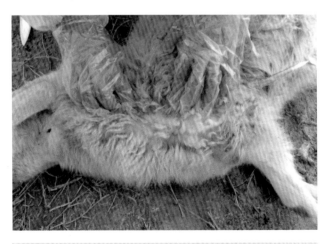

图1-5-3　绵羊右腹部有红色疹块

图1-5-4 山羊精神沉郁、颈础部皮肤发红

图1-5-5 因奇痒经摩擦后的红斑

图 1-5-6 右前肢内侧摩擦无毛区

【剖检变化】 >>>>

典型病例可见皮下水肿，淋巴结出血，气管弥漫性出血，肺脏瘀血、出血，肝脏有大小不一的白色坏死灶，肾脏有白色坏死，肠道充血、出血，脑回出血等。

图 1-5-7 胸前淋巴结出血

图 1-5-8 气管出血

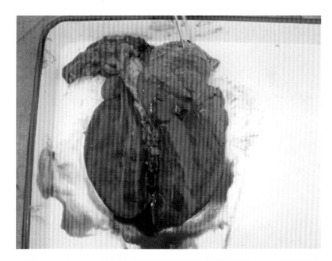

图 1-5-9 肺脏严重出血

图1-5-10 肝脏有坏死灶

图1-5-11 肾脏有少量白色坏死点

图 1-5-12 肾脏有较大的白斑

图 1-5-13 肠道黏膜严重出血

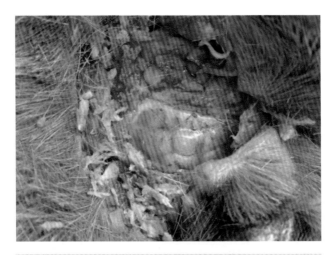

图1-5-14 脑膜下可见出血

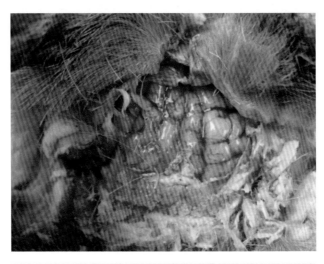

图1-5-15 切开脑膜后脑回出血

【诊断要点】 >>>>>

（1）**临床特征** 皮肤红肿、剧痒摩擦。

（2）**剖检变化** 呼吸道、消化道、脑部出血。

【预防措施】 >>>>>

1）本病流行区域可用伪狂犬病弱毒细胞苗进行免疫接种。4月龄以上羊肌内注射1mL，接种后6天产生免疫力，保护期可达1年。国内研制的牛羊伪狂犬病氢氧化铝甲醛灭活苗，证明有可靠的免疫效果。

2）尽量不从疫区引种。若购羊，需严格检疫、隔离观察，证实无病后，方可混群饲养。

3）消灭牧场内的鼠类，避免羊群与猪接触或混养。

【治疗措施】 >>>>>

早期可用抗伪狂犬病高免血清治疗病羊，疗效尚好。目前尚无其他有效治疗方法或药物。

六、绵羊肺腺瘤病

【简介】 >>>>>

绵羊肺腺瘤病又称为"绵羊肺癌"或"驱赶病"，是由绵羊肺腺瘤病病毒引起的一种慢性、接触传染性肺脏肿瘤病。本病以肺泡和支气管上皮呈进行性腺瘤样增生，病羊消瘦，咳嗽，流鼻涕，呼吸困难为特征，最终死亡。世界动物卫生组织将其列为B类疫病。本病除澳大利亚和新西兰外，几乎所有养羊国家都有过流行。我国1951年首次于兰州发现，1955年新疆维吾尔自治区、内蒙古自治区等地也曾发病，近几年本病发生较多。

【病原及流行特点】 >>>>>

绵羊肺腺瘤病病毒属反录病毒科成员，病毒粒子有囊膜，直径为139nm。

本病潜伏期长，各种品种和年龄的绵羊均能感染，但品种间的易感性有所区别，以美利奴绵羊的易感性最高；最常见于3~5岁的成年绵羊，2岁以内的绵羊则较少表现临诊症状。

病羊是主要传染源，主要经呼吸道传染，病羊咳嗽时排出的飞沫和深度气喘时排出的气雾中，含有带病毒的细胞或细胞碎屑，健康羊吸入后即被感染。山羊较少感染发病。

本病主要呈地方性流行或散发性传播，发病率不高，冬季寒冷及拥挤环境，可促进本病发生和流行。本病病死率很高，可达100%。

【临床症状】>>>>

较大的和成年的绵羊才有临床表现，但往往在出现潜症状时病情就已经很严重。

初期，病羊常因剧烈运动或长途驱赶而突然出现呼吸困难。随着病程的发展，呼吸快而浅表，吸气时可见头颈伸直，鼻孔扩张。病羊常有湿性咳嗽，低头时由鼻孔流出大量水样鼻漏，抬高后肢或压低头部时鼻漏增多。听诊和叩诊可闻知湿罗音和肺实变区，尤以肺腹面最为明显。在整个病程中病羊一般体温正常或仅伴发微热。后期，病羊食欲消失，衰竭，消瘦，贫血，但仍保持站立姿势。一般经数周或更长时间，最终病羊因呼吸困难、心力衰竭而死亡。

图1-6-1 病羊流黏液性鼻液

图1-6-2 伸颈喘息、鼻流白色分泌物

图1-6-3 精神倦怠、鼻流大量白色脓性分泌物

【剖检变化】 >>>>

病变主要见于肺脏、心脏、肝脏。早期肺尖叶、心叶、膈叶前缘出现弥散性灰白色肿瘤样结节，呈粟粒至枣核大小，稍突出于肺

组织表面。后期许多结节融合成肿块，使病变部位变硬，失去原有的色泽和弹性，像煮过的肉或呈紫肝色。肺脏由于肿瘤的增生而体积增大，有的可达正常肺脏的 2～4 倍。心包膜粘连。

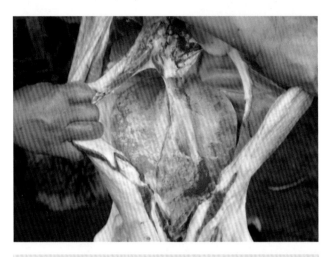

图 1-6-4　肺脏扩张增大、心包粘连

图 1-6-5　气管有大量分泌物

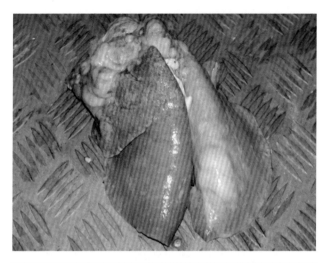

图1-6-6 肺叶明显的白色肿瘤结节

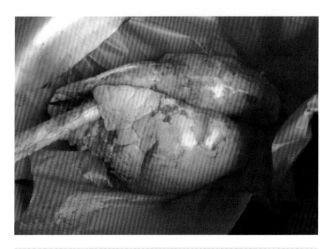

图1-6-7 肺叶肿胀、有出血斑

图1-6-8 肺脏肿胀变白

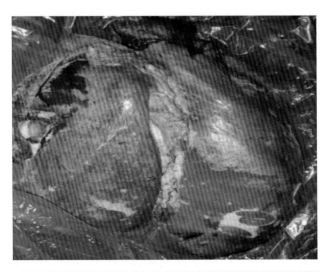

图1-6-9 肺泡增生，是正常肺脏的4倍

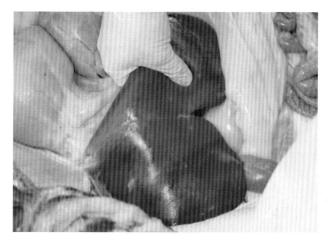

图1-6-10 肝脏有白色结节

【诊断要点】 >>>>

（1）临床特征 渐进呼吸困难，鼻流白色鼻液。

（2）剖检变化 全肺肿胀，有灰白色结节或肿块。

【防治措施】 >>>>

目前本病尚无疫苗防治，也无有效的治疗方法。因此，预防本病的关键在于建立和保持无病羊群。防止引入病羊和带毒羊。新引羊只必须隔离检疫1个月以上，确认健康后方可混入大群。羊群一经传入本病，很难清除，故须全群淘汰，以清除病原，平时要加强羊群的饲养管理，搞好卫生，定期消毒和检疫，确保羊只健康，建立无绵羊肺腺瘤病的健康羊群，逐步消灭本病。

第二章　细菌性疾病

一、梭菌类疾病

【简介】 >>>>>

羊的梭菌性疾病是由梭状芽胞杆菌属中的多种病菌所造成的一大类致死性疾病，包括羊快疫、羊猝疽、羊肠毒血症、羔羊痢疾等病。本类疾病在散养羊群、应激反应大的羊群和防疫效果不好的羊群经常发生并造成较大损失。

【病原及流行特点】 >>>>>

羊快疫为腐败梭菌感染，革兰氏染色阳性，厌气大杆菌，不形成荚膜。用病羊肝被膜做触片，经染色、镜检呈无关节长丝状的形态是腐败梭菌极突出的特征，具有重要的诊断意义。

羊猝疽病原为 C 型魏氏梭菌，C 型菌产 β 主要毒素和 α 次要毒素，毒素致羊快速死亡。

羊肠毒血症病原为 D 型魏氏梭菌。

羔羊痢疾病原为 B 型魏氏梭菌。羔羊在生后数日内，魏氏梭菌可以通过羔羊吮乳、饲养员的手和羊的粪便而进入羔羊消化道。

梭菌类疾病每年秋冬和早春时多发；气候多变、温差过大时多发；阴雨连绵季节多发；羊群感冒、吃冰冻草料时多发。

【临床症状】 >>>>>

羊只发病时来不及表现症状即突然死亡，多是因为几种疾病混合感染，临床上有很多相似之处，生前很难确诊。急性病例几分钟或几个小时即死于牧场或圈内；慢性病例表现为掉队、卧地、磨牙、流涎、呻吟、腹痛、胀肚、腹泻、痉挛而死亡，死亡羊只皮肤发红为其典型特征。

图 2-1-1 病羊卧地、精神沉郁

图 2-1-2 病羊胀肚

图 2-1-3　痢疾羔羊虚脱

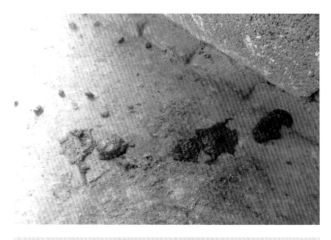

图 2-1-4　粪便稀软

图 2-1-5 皮肤发红是腐败梭菌感染的典型症状

图 2-1-6 口流唾液

【剖检变化】>>>>

（1）**羊快疫**　特征是皱胃出血性炎症，在胃底部及幽门附近有大小不一的出血斑块；另有瘤胃壁出血、网胃黏膜出血、皱胃黏膜溃疡、结肠条带状出血等。

图 2-1-7　瘤胃黏膜脱落（腐败梭菌感染）

图 2-1-8　皱胃陈旧性出血（腐败梭菌感染）

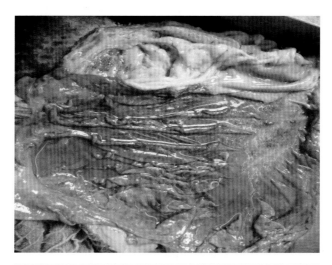

图 2-1-9 皱胃黏膜严重出血

图 2-1-10 健康羊皱胃黏膜

图 2-1-11　病羊瘤胃黏膜出血

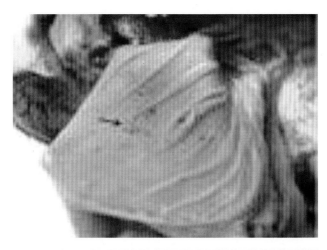

图 2-1-12　病羊瘤胃黏膜溃疡

图 2-1-13 健康羊的瘤胃黏膜

图 2-1-14 病羊的网胃黏膜出血

图 2-1-15　健康羊的网胃黏膜

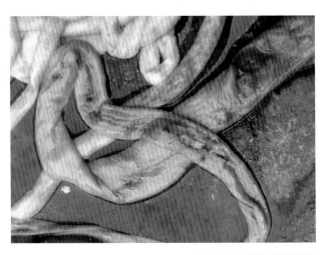

图 2-1-16　结肠条带状出血

（2）羊猝狙　特征病变主要是小肠黏膜充血、出血。

图 2-1-17 小肠严重出血（羊猝狙）

　　羊快疫和羊猝狙的共同特征是胸腔、腹腔、心包大量积液。另有肠道出血、肺出血、胆囊肿胀、心内外膜有点状出血；死羊若未及时剖检则出现迅速腐败。

图 2-1-18 胆囊肿胀

（3）**羊肠毒血症** 特征病变是肾脏比平时更易软化，所以此病又称为"软肾病"。另外，皱胃含有未消化的饲料，小肠呈急性出血性炎性变化，心内外膜有小点出血，肺脏出血和水肿。

图 2-1-19 肾脏变软（软肾病）

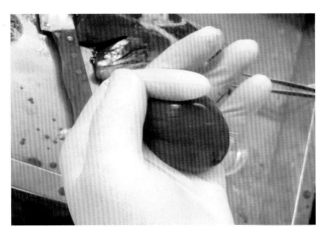

图 2-1-20 肾脏变软，有弹性

图2-1-21　肾脏变软，易碎

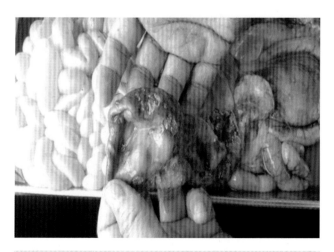

图2-1-22　小肠严重溃疡

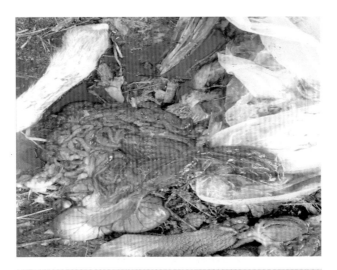

图2-1-23　小肠、皱胃出血

图2-1-24　心肌外膜出血

　　（4）羔羊痢疾　最显著的病理变化是小肠（特别是回肠）黏膜出血、溃疡；有的肠内容物呈血色；肠系膜淋巴结肿胀。皱胃内往往存在未消化的凝乳块。

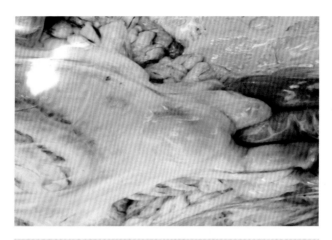

图 2-1-25　肠系膜淋巴结肿胀

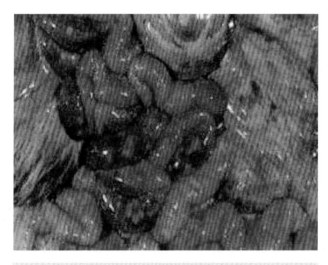

图 2-1-26　肠管大面积出血

图 2-1-27　肠管黏膜溃疡

【诊断要点】 >>>>

（1）**临床特征**　突然死亡、腹痛腹泻、群发感染、抗生素有效。

（2）**剖检变化**　皱胃出血、肠道出血、肾软如泥、腔体积液。

【预防措施】 >>>>

1）每年春、秋季 2 次注射羊三联四防菌苗，不论大小羊，均皮下或肌内注射 5mL。

2）对已发病羊群的同群健康羊进行紧急预防接种。

3）发病严重时，可转移牧地以减弱和停止发病。

4）及时隔离病羊，按程序处理病死羊只，并对圈舍、场地和用具实施严格的大面积消毒。

【治疗措施】>>>>

药物治疗越早越好。梭菌病的抗菌治疗用药基本相同，有效药物主要包括：青霉素类、头孢类、磺胺类、林可胺类等；针对梭菌毒素时可及时注射血清；配合激素疗法、小苏打疗法、输液疗法、止血止泻疗法、硫酸铜疗法等，效果更好。

二、羔羊"醉酒症"

【简介】>>>>

近几年，在山羊养殖较多的地区，出现了一种出生不久的羊羔瘫痪病，行走摇摆似醉酒状，俗称"醉酒症"。临床上一般易误诊为缺硒或缺钙，治疗效果很差。通过流行病学调查，采集病料，病原的分离鉴定、PCR 鉴定，动物回归试验等，山东省滨州畜牧兽医研究院沈志强团队首次确定羊醉酒症的病原为 A 型产气荚膜梭菌（A 型魏氏梭菌）。

【病原及流行特点】>>>>

产气荚膜梭菌是存在于人和动物肠道菌群中的一种菌，当外界环境发生变化或饲料突然改变时，该菌就会在胃肠道内大量繁殖产生各种毒素，导致宿主发病，幼畜的病死率可达 100%。

羔羊主要是吸食污染母羊奶头感染。山羊羔发病年龄多在生后 2～25 天，一般 7～10 日龄多见；发病率高达 30%～70%，死亡率达 95%～100%。绵羊也见有发生，多在 1～2 月龄，个别羊场也有 3 日龄发病的羊群。

【临床症状】>>>>

主要发生于 7～10 日龄山羊羔，病初羔羊精神沉郁，跛行，随即四肢僵硬，共济失调，一肢或数肢麻痹，横卧不起，四肢划动。有些病羊眼球震颤，角弓反张，头颈歪斜或做圈行运动，有时吞咽困难，有的鼻孔出血，死亡。

图 2-2-1　横卧倒地、四肢瘫痪

图 2-2-2　颈项强直、四肢划动

图2-2-3 右侧鼻孔出血

【剖检变化】 >>>>

有的羊只鼻腔出血，肺脏大面积出血、瘀血。大脑回出血、水肿。皱胃出血、溃疡，膀胱积尿。

图2-2-4 肺脏新鲜出血斑

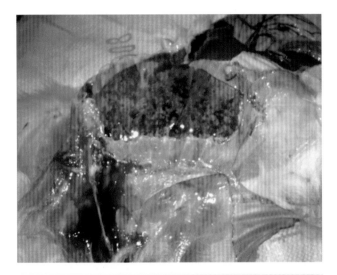

图 2-2-5　肺脏陈旧性出血

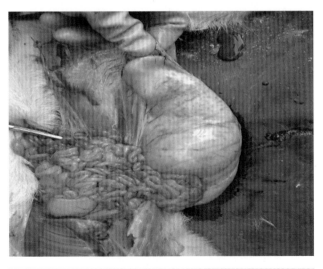

图 2-2-6　外观皱胃壁有出血

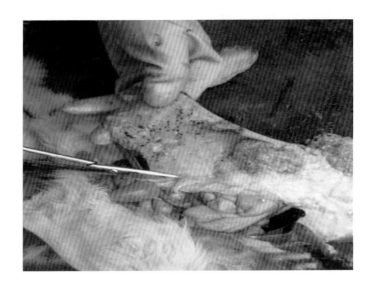

图2-2-7 切开皱胃出血、溃疡

【诊断要点】 >>>>

（1）**临床特征** 站立不稳似醉酒，横卧不起、呈游泳状。

（2）**病理变化** 肺脏、大脑回出血，皱胃出血、溃疡。确诊可通过细菌分离和PCR鉴定。

【预防措施】 >>>>

1）母羊在配种前和产前30～45天注射三联四防疫苗5mL，羔羊在20日龄以后注射三联四防疫苗5mL，即可预防。

2）怀孕母羊没有注射三联四防疫苗的羊群，可以在羔羊生下1～2天注射三联四防疫苗3～5mL。

【治疗措施】 >>>>

1）全场使用消毒剂紧急消毒。消毒包括圈舍消毒和母羊奶头的消毒。

2）发病羊：肌内注射三联四防疫苗＋绿复安（30％氟苯尼考），三联四防疫苗注射 1 次 5mL，绿复安连用 3 天，效果极佳。

3）全群：紧急防疫三联四防疫苗。

使用该治疗措施后，12～24h 即能迅速控制疫情。

三、传染性胸膜肺炎

【简介】 >>>>>

羊传染性胸膜肺炎又称为羊支原体肺炎，是由多种支原体所引起山羊和绵羊的一种高度接触性传染病，其临床特征为高热、咳嗽、腹泻、大量流鼻液、病死率很高。此病在我国时有发生，特别是饲养山羊的地区较为多见。

【病原及流行特点】 >>>>>

山羊支原体为丝状支原体山羊亚种，是一种细小、多变的微生物，即 G⁻；近几年从甘肃等省分离到另一种与丝状支原体山羊亚种无交互免疫性的支原体，经鉴定为绵羊支原体。

山羊肺炎支原体只感染山羊，俗称"山传"，3 岁以下的山羊最易感染；而绵羊肺炎支原体既可以感染绵羊又可感染山羊。

传染源是病羊和长期带菌羊；新区暴发本病与调入和引进有关；耐过羊也有传播的可能性和危险性；高度接触性感染，空气和飞沫是主要感染途径；阴雨潮湿、寒冷拥挤均有利于空气、飞沫传染的发生。

呈地方流行，冬季流行期平均为 15 天，夏季可维持 2 个月以上。

【临床症状】 >>>>>

（1）最急性型 体温高达 41～42℃，极度委顿，呼吸急促甚至鸣叫。数小时后出现肺炎症状，并流浆液带血鼻液，黏膜高度充血至发绀；肺部叩诊呈浊音，听诊肺泡呼吸音消失；12～36h内，病肺和胸腔有渗出液，多窒息而亡。病程一般不超过4～5天，有的仅12～24h。

（2）**急性型** 最常见。体温升高，短湿咳，伴有浆性鼻漏。4～5天后，变干咳而痛苦，鼻液为黏液、脓性并呈铁锈色；高热稽留，呼吸困难、痛苦呻吟；眼睑肿胀，流泪，眼有黏液、脓性分泌物；口流泡沫、瘤胃臌胀、腹泻，甚至口腔中发生溃疡；唇、乳等部皮肤发疹，病期多为7～15天，有的可达1个月。怀孕羊大批（70%～80%）发生流产。

（3）**慢性型** 多见于夏季。全身症状轻微，病羊咳嗽、流涕、腹泻、营养不良，衰弱死亡。病程可达数月，成为长期带菌羊。慢性病羊多由急性转来。

图 2-3-1 病羊精神沉郁

图 2-3-2　鼻流浆液性鼻液

图 2-3-3　鼻流黏液性鼻液

图 2-3-4 鼻流脓性纤维素性鼻液

图 2-3-5 眼睑闭合、流泪（结膜炎）

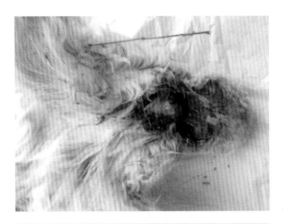

图 2-3-6　病羊剧烈腹泻

【剖检变化】 >>>>

鼻黏膜出血，气管黏膜出血，间质性肺炎，肺实变；胸腔常有血性或浅黄色液体；肺与胸壁粘连；胸膜变厚而粗糙，上有黄白色纤维素层附着，直至胸膜与肋膜；心冠出血，心肌松弛、变软；急性病例还可见肝脏肿大，有黄色坏死灶；肠黏膜出血。

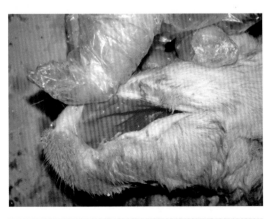

图 2-3-7　鼻腔黏膜严重充血、出血

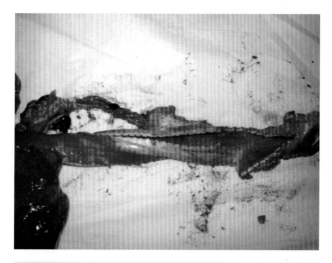

图 2-3-8 气管弥漫性重度出血

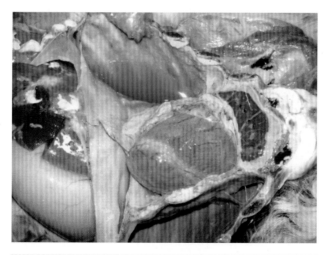

图 2-3-9 胸腔有大量浅黄色液体

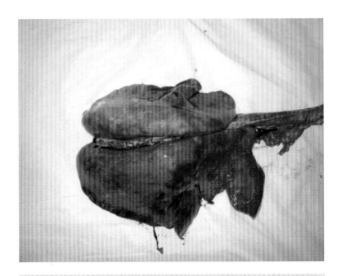

图 2-3-10　肺脏瘀血、水肿

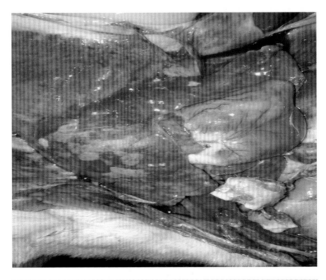

图 2-3-11　间质肺炎、肺实变

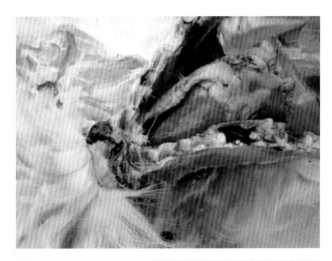

图 2-3-12 肺与胸壁轻度粘连

图 2-3-13 肺与胸壁重度粘连

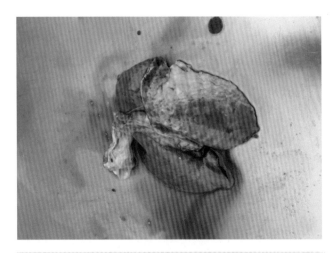

图 2-3-14　肺表面粘连有纤维素

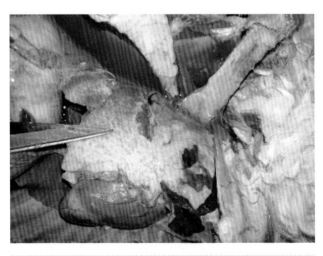

图 2-3-15　肺表面粘连大量纤维素

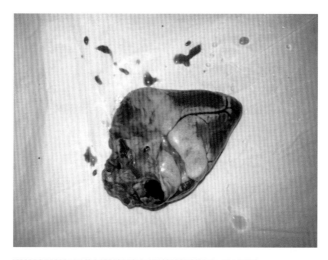

图 2-3-16　心冠脂肪充血、出血

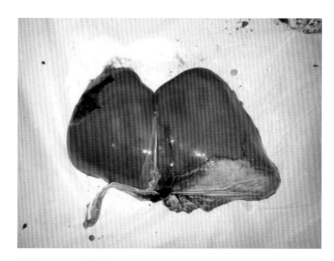

图 2-3-17　肝脏有黄色坏死灶

87

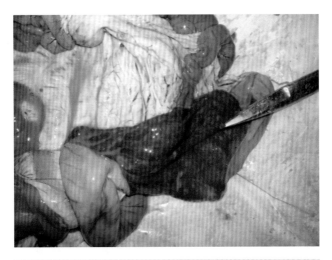

图 2-3-18 盲肠黏膜严重出血

【诊断要点】 >>>>

（1）临床特征 高热、咳嗽、流鼻液、腹泻。

（2）剖检变化 肺粘连、胸腔积液。

【预防措施】 >>>>

（1）慎重引进 防止引入病羊和带菌羊是关键。新引进羊只必须隔离检疫 1 个月以上，确认健康后方可混入大群。

（2）定期防疫 疫苗有山羊传染性胸膜肺炎氢氧化铝苗和鸡胚化弱毒苗或者绵羊肺炎支原体灭活苗。根据当地病原体的分离结果，选择使用。羔羊断乳后进行首免，以后同成年大群羊进行二免，1 年2 次。皮下或肌内注射，6 月龄以下羊每只 3mL，6 月龄以上羊每只 5mL。

（3）紧急接种 发现病羊和可疑羊应立即隔离治疗。更换垫料，改善羊舍通风条件，消毒。对假定健康羊用传染性胸膜肺炎氢氧化铝疫苗接种，注射剂量为：6 月龄以下羊每只 3mL，6 月龄以上羊每只 5mL。

【治疗措施】 >>>>

治疗可选用新胂凡纳明（914）、磺胺嘧啶钠、土霉素、四环素、泰妙菌素、环丙沙星、氟苯尼考等。

新胂凡纳明可肌内注射，也可静脉给药，但从临床应用效果来看，气体熏蒸鼻孔吸入非常有效；如用泰妙菌素饮水，可按每 100kg 水加 5g 药物给羊自由饮水，连用 7 天，治愈率可达 92%。

四、布氏杆菌病

【简介】 >>>>

布氏杆菌病是羊的一种慢性传染病，也是一种人畜共患传染病，主要侵害生殖系统。羊感染后，以母羊发生流产和公羊发生睾丸炎为特征。此病给当前的养羊生产造成巨大损失，人极易感染，应引起高度重视并及时予以扑灭。

【病原及流行特点】 >>>>

病原为布氏杆菌。它存在于病畜的生殖器官、内脏和血液。该菌对外界的抵抗力很强，在干燥的土壤中可存活 37 天，在冷暗处和胎儿体内可存活 6 个月。1% 来苏儿、2% 福尔马林、5% 生石灰水 15min 可杀死病菌。

受感染的怀孕母羊极易引起流产或死胎，所排出的羊水、胎衣、组织碎片、分泌物中含有大量布氏杆菌，特别有传染力；病羊排菌可长达三个月以上；一年四季均可发生；不分性别年龄，母羊较公羊易感性高，性成熟羊极为易感；消化道是主要感染途径，也可经配种感染。

羊群一旦感染此病，首先表现为孕羊流产。开始仅为少数，以后逐渐增多，严重时可达半数以上，多数病羊流产 1 次。

【临床症状】 >>>>

多数病例为隐性感染，怀孕羊主要症状是流产。流产发生在怀孕后的3~4个月，多数胎衣不下，易继发子宫内膜炎。有时患病羊发生关节炎而出现跛行；公羊发生睾丸炎，睾丸上缩，行走困难，拱背，逐渐消瘦，失去配种能力。

图2-4-1　病羊流产，流出尿囊膜

图2-4-2　病羊流产，流出胎衣

图2-4-3 病羊流产，流出胎儿

图2-4-4 公羊睾丸慢性肿胀

图 2-4-5　公羊睾丸极度肿胀

【剖检变化】　>>>>>

　　胎盘绒毛膜下组织呈黄色胶冻样浸润、充血、出血、糜烂和坏死，胎衣增厚，布有出血点。胎儿皮下和肌肉有出血浸润并变为绿色。公羊睾丸肿胀硬固、精索变粗。

图 2-4-6　胎盘子叶水肿，胎儿皮下浸润变绿色

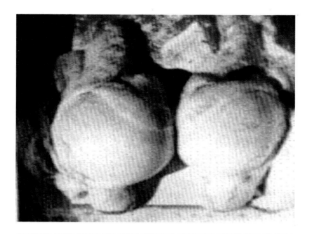

图 2-4-7 睾丸硬固，精素变粗

【诊断要点】 >>>>

1）母羊流产；公羊睾丸变硬肿。

2）实验室检查：做虎红平板凝集试验。

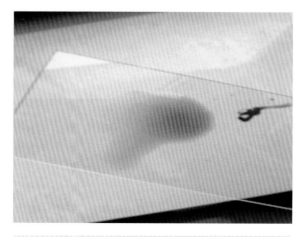

图 2-4-8 凝集试验：不凝集，阴性

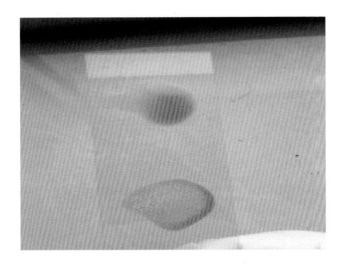

图 2-4-9 凝集试验：下凝集，阳性

【防治措施】>>>>

1）坚持自繁自养，不从疫区引进羊只；引进的羊只需在隔离条件下检疫，确定无感染后方可合群。

2）每年用凝集反应或变态反应定期对可疑羊群进行 2 次检疫，检出的阳性病羊立即淘汰，可疑病羊应及时严格分群隔离饲养，等待复查。

3）布氏杆菌病常发地区，每年应定期对羊群预防接种，接种过疫苗的不再进行检疫。

4）根据临床情况，选择适当药物应用。

五、链 球 菌 病

【简介】>>>>

羊的败血性链球菌病是由 C 群兽疫链球菌引起的一种急性

败血性传染病。患病羊常以出血性败血性浆膜炎为主要特征，其发病率高、传播快、死亡率高，是养羊业危害较大的传染病之一。

【病原及流行特点】 >>>>

病原为 C 群兽疫链球菌，革兰氏阳性，具有荚膜。在血液、脏器等病料中多呈双球状排列，也可单个菌体存在，偶见 3 ~ 5 个菌体相连的短链。本菌需氧或兼性厌氧，不形成芽胞。

病菌通常存在于病羊的各个脏器及各种分泌物、排泄物中，而以鼻液、气管分泌物和肺脏含量最高。病原体对外环境抵抗力较强，死羊胸水内的细菌在室温下可存活 100 天以上。

病羊和带菌羊是主要传染源，其排泄物、分泌物、内脏及废弃物均可传播本病；多经呼吸道、皮肤伤口感染；一年四季均可发病，但以 11 月至次年的 4 月多发；常呈地方流行，有时呈暴发性流行；不同年龄的羊群均可感染本病。

【临床症状】 >>>>

（1）急性型　突然发病，体温升高达 41 ~ 43℃，食欲减退或废绝，粪便干燥，常咳嗽、喷嚏、流鼻液，眼结膜潮红、流泪。一两天内部分病羊出现多发性关节炎、跛行或不能站立。有的病羊出现神经症状。少数病羊的颈、背、四肢等部位皮肤呈广泛性充血，甚至出现出血斑。常在 1 ~ 3 天内死亡。致死率可达 80% ~ 90%。

（2）慢性型　常由急性型转来，或出现于流行后期发生的新型病例。其发病特点是病程长（10 天以上），症状比较缓和，体温时高时低，精神、食欲时好时坏，一肢或多肢关节肿大，跛行；或逐渐消瘦衰弱；或逐渐好转康复，或病情突然恶化而死亡。

图 2-5-1 浆液性鼻液（鼻孔周围沾有草渣）

图 2-5-2 鼻流黏液性鼻液

图2-5-3 病羊精神沉郁、眼半闭

图2-5-4 腕关节出现关节炎

【剖检变化】 >>>>

特征性病变是脏器广泛性出血，浆膜面附有众多纤维素性渗出物，淋巴结肿大、出血。胸腹腔积液。鼻腔内有红色泡沫，肺水肿，支气管及肺泡内充满泡沫状液体。轻度纤维素性心包炎、胸膜炎、腹膜炎。肿大的关节囊内外有黄色胶样液体或纤维素性脓性物质。

图2-5-5 胸腔积液

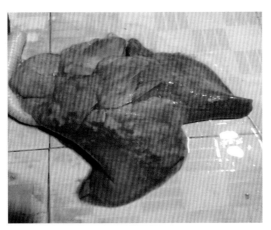

图2-5-6 部分肺叶实变（肺炎）

图 2-5-7 部分肺叶粘连痕迹（肺炎）

图 2-5-8 胸壁与肺叶粘连处

【诊断要点】 >>>>

（1）**临床特征** 流鼻液、流泪、关节炎症。

（2）**剖检变化** 肺炎、肺粘连。

【防治措施】 >>>>

1）入冬前，用链球菌氢氧化铝甲醛菌苗进行预防注射。羊不分大小，一律皮下注射 3mL，3 月龄内羔羊 14 ~ 21 天后再免疫注射 1 次。

2）加强养殖场的管理，保持环境卫生。病羊要隔离。

3）可用青霉素或磺胺类药物肌内注射治疗。

六、李氏杆菌病

【简介】 >>>>

羊李氏杆菌病是由李氏杆菌引起的以脑膜脑炎、败血症和母畜流产为主要特征的传染病，因在临床上有明显的转圈等神经症状，故又称为"转圈病"。本病虽常散在发生，但致死率很高，应引起养殖者的高度重视。

【病原及流行特点】 >>>>

本病的病原为李氏杆菌属，产单核细胞李氏杆菌，革兰氏染色阳性，细小杆菌。

感染动物谱很广，有42种哺乳动物和22种鸟类易感。家畜中除感染绵羊外，还感染山羊、家兔、猪、牛、犬等，同时也感染人。所以，本病为人畜共患病。

绵羊多在冬季和早春发病；多为散发，有时呈地方性流行；病羊和带菌动物是传染源；幼羊和怀孕母羊易感；少数羊发病但致死率很高。消化道、呼吸道、眼结膜及损伤的皮肤为本病的传播途径。维生素 A 和维生素 B 的缺乏，冬季缺乏青饲料，内外寄生虫病，沙门氏菌感染，污染的青贮料，天气突变等，均可诱发本病。

【临床症状】 >>>>

病初体温升高1~2℃，随后下降至常温。

（1）**败血型** 羔羊常发生急性败血症而很快死亡。病死率很高，随着年龄的增长而下降。

（2）**流产型** 怀孕母羊常发生流产。

（3）**脑膜炎型** 临床上最常见。病羊目光呆滞，头低耳垂，不能随群活动；有的无目地乱窜乱撞；舌麻痹，流鼻液；结膜发炎流泪，眼球突出，常向一个方向斜视，甚至视力丧失；头颈偏向一侧，走动时向一侧转圈，遇有障碍物时则以头抵靠不动；颈项强直，角弓反张；后期卧地不起、昏迷、四肢划动呈游泳状，一般于3~7天死亡。

图2-6-1　病羊四肢运动障碍

图 2-6-2 病羊后躯运动障碍（取肝脑组织做了细菌培养为阳性）

图 2-6-3 病羊左前肢运动障碍

图 2-6-4　病羊头颈弯曲偏向一侧

图 2-6-5　病羊瘫痪不能站立

图2-6-6　病羊卧倒、嗜睡

【剖检变化】 >>>>

无特殊的肉眼可见病变。有神经症状的病羊，脑及脑膜充血、水肿，脑脊液增多，稍混浊。肾脏出血、皮质黄染。

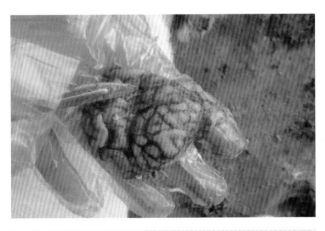

图2-6-7　病羊脑回或脑沟充血、出血

图2-6-8 病羊肾被膜下有出血点

图2-6-9 病羊肾脏皮质黄染

【诊断要点】 >>>>>

（1）临床特征 神经症状、败血流产、磺胺药有效。

（2）剖检变化 脑汇出血、肾脏变化、胎盘炎症。

【预防措施】 >>>>

1）注重环境卫生，定期驱虫，消灭啮齿动物。

2）及时隔离病羊，其他羊只和羊群要预防用药。

3）尸体要按规程处理，场所要严格消毒。

【治疗措施】 >>>>

1）大剂量应用磺胺类药物，肌内或静脉注射，配合抗生素，效果良好。

2）对症治疗可注重镇静、降低颅内压和利尿等。

七、巴氏杆菌病

【简介】 >>>>

羊的巴氏杆菌病是由多杀性巴氏杆菌所引起、多发生于绵羊的急性或慢性传染病，又称为羊出血性败血病。本病在世界各地广泛分布，我国养羊区经常发生，且对多种动物和人均有致病性，危害严重，常给养殖户造成巨大的经济损失。

【病原及流行特点】 >>>>

多杀性巴氏杆菌是两端钝圆、中央凸起的短杆菌，本菌不形成芽胞，不运动，革兰氏阴性。本菌存在于病羊全身各组织、体液、分泌物及排泄物里，健康羊的呼吸道也能带菌。

可通过直接和间接接触而传播发病；无明显的季节性；当闷热、潮湿、多雨、应激时多引发本病；常为散发。

断奶期的羔羊和一岁左右的绵羊多发，山羊发病少。

【临床症状】 >>>>

（1）急性型 急性以高热、呼吸困难、败血症为特征。哺乳羔羊可突然发病，寒战、虚弱、呼吸困难，在数分钟至数小时内死亡。

成羊体温达41~42℃，精神沉郁，食欲废绝；呼吸急促，鼻孔常流血；结膜潮红，有黏性分泌物；病初便秘，后期腹泻，有时排血便。病羊常因严重腹泻虚脱而死。病程2~5天。

（2）慢性型 慢性以关节和皮下水肿及多脏器局灶性化脓为特征。病羊消瘦、食欲下降；流黏液脓性鼻液、咳嗽、呼吸困难；有角膜炎、腹泻、粪便恶臭。病程可达3周。

图2-7-1 成羊及羔羊发病怕冷挤堆

图2-7-2 山羊因病突然死亡

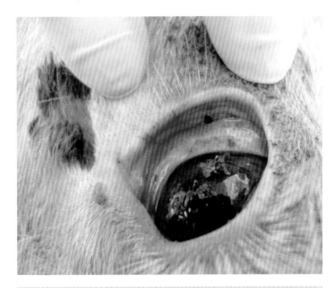

图2-7-3　眼结膜潮红

图2-7-4　病羊排稀血便

图 2-7-5　慢性病羊腹泻

图 2-7-6　慢性病羊眼炎、流鼻液

【剖检变化】>>>>

可见颈、胸部皮下胶样水肿和出血，全身淋巴结（尤其咽喉、肺脏和肠系膜淋巴结）水肿、出血。肺脏明显瘀血、水肿、出血，肝脏也常散在类似的白色病灶，皱胃和盲肠黏膜水肿、出血和溃疡。

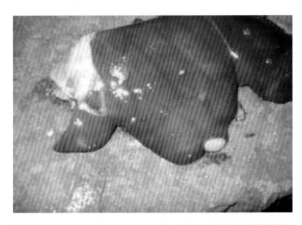

图2-7-7　肝脏有稀疏白色坏死点

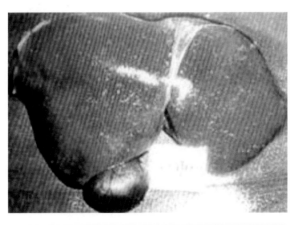

图2-7-8　肝脏有大量白色坏死点

图 2-7-9 肺脏瘀血、出血

图 2-7-10 皱胃黏膜出血

【诊断要点】 >>>>

(1) 临床特征 高热恶寒、突然死亡、剧烈腹泻、绵羊多发。

(2) 剖检变化 肝脏白色坏死点，肺脏瘀血、出血。

【防治措施】 >>>>

1）加强饲养管理，定期消毒，保持圈舍干燥。

2）一旦发生本病，及时肌内注射羊出血性败血症血清，效果较好。按每千克体重0.1mL，根据病情可连续使用2次，保护力10～14天。预防时可减半。配合头孢类抗生素更好。

八、羔羊大肠杆菌病

【简介】 >>>>

羔羊大肠杆菌病是由致病性大肠杆菌引起的一种急性、败血性传染病，又称为"羔羊白痢"。临床上以腹泻、脱水和酸中毒为特征，多因衰竭而死亡。部分病例表现败血症状。

【病原及流行特点】 >>>>

病原为致病性大肠杆菌，革兰氏阴性。该菌有多种血清型，其中078：K80为引起羔羊大肠杆菌病的主要血清型。常用消毒剂和一般消毒方法均能快速将其杀死。

主要是通过消化道感染；在羔羊接触病羊、不卫生的环境、吸吮母羊不清洁的乳头时，均可感染；少部分通过子宫内感染或经脐带和损伤的皮肤感染。冬、春季舍饲期间常发。

【临床症状】 >>>>

(1) 肠炎型（下痢型） 多发于2～8日龄的新生羔羊。体温略高，出现腹泻后体温下降，粪便稀薄，带气泡，有时混有血液，粪便污染后躯及腿部。羔羊表现腹痛，虚弱，严重脱水，站立不稳；

可于 24～36h 死亡。

（2）**败血型**　主要发生于 2～6 周龄羔羊。病羔体温升高41～42℃，精神沉郁、轻度腹泻；有的出现运动失调、磨牙等神经症状；有的死前稀便从肛门自流。呈急性经过，多在 4～12h 死亡。

图 2-8-1　初生羔羊拉稀、精神沉郁

图 2-8-2　初生羔羊因拉稀站立不稳

图2-8-3　初生羔羊拉稀，污染肛周围

图2-8-4　羔羊绿色稀便

【剖检变化】 >>>>

可见病羊胸腹腔积液，心包积液并积有大量纤维素；肠管臌气、积液；肝脏有白色坏死灶。

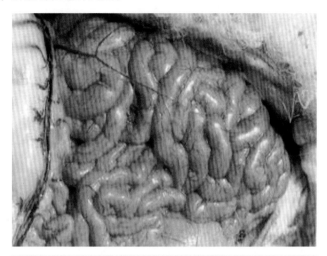

图2-8-5 空肠明显臌气

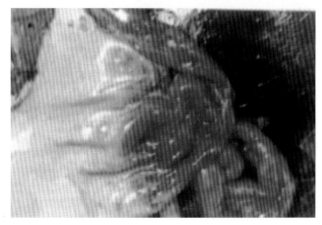

图2-8-6 切开肠管流出大量黄色液体

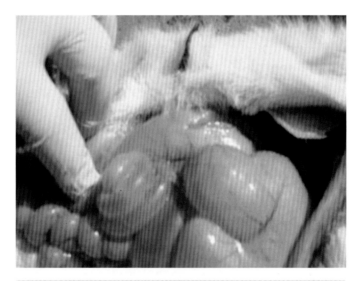

图 2-8-7　结肠肠管臌气

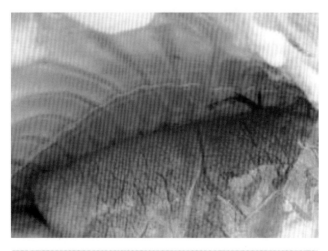

图 2-8-8　胸腔积有大量淡黄色液体（败血型）

（自营养网）

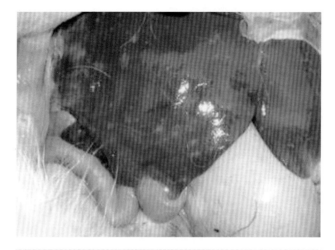

图 2-8-9　肝脏有白色坏死灶（败血型）

【诊断要点】 >>>>

（1）**临床特征**　为初生羔羊、剧烈腹泻。
（2）**剖检变化**　肠腔臌气积液、胸腔积液、肝脏白色坏死灶。

【预防措施】 >>>>

1）首先要加强怀孕母羊的饲养管理，保证饲料中蛋白质、维生素、矿物质的含量，提高初乳的生物学价值。

2）严格遵守临产母羊及新生羔羊的卫生制度。对产房进行严格消毒。

3）哺乳前用0.01%高锰酸钾溶液擦拭母羊的乳房、乳头和腹下，让羔羊吃到足够的初乳，做好羔羊的保暖工作。

4）可用同型菌苗给怀孕羊和羔羊预防注射。

【治疗措施】 >>>>

1）大肠杆菌对粘杆类、磺胺类、喹诺酮类敏感性较高，配合使用效果较好。

2）可用多价血清治疗。

3）必要时应予以输液疗法。

九、传染性结膜-角膜炎

【简介】 >>>>

羊传染性结膜-角膜炎又称为流行性眼炎、红眼病。主要以急性传染为特征，眼结膜与角膜先发生明显的炎症变化，其后角膜混浊，几乎呈乳白色。羊传染性结膜-角膜炎的发生在一定程度上影响了养羊业的发展。

【病原及流行特点】 >>>>

羊传染性结膜-角膜炎是一种多病原感染的疾病，如衣原体、立克次体、结膜乳支原体等，但目前认为，主要由衣原体引起。

山羊尤其是奶山羊、绵羊、乳牛、黄牛等极易感染；年幼动物最易得病；多由已感染动物或传染物质导入羊群，引起同群感染；患病羊的分泌物如鼻涕、泪液、奶及尿的污染物，均能散播本病。多发生在蚊蝇较多的炎热季节，一般是 5 ~ 10 月夏、秋季，但在我国东北地区 11 月亦有发病病例；以放牧期发病率最高；进入舍饲期也有少数发病的；多为地方性流行。

【临床症状】 >>>>

主要表现为结膜炎和角膜炎。

有的两眼同时患病，但多数先一眼患病，然后波及另一眼，有时一侧较重，另一侧较轻。病初呈结膜炎症状，表现畏光流泪，眼睑半闭；眼内角流出浆液或黏液性分泌物，不久则变成脓性；上、下眼睑肿胀、疼痛、结膜潮红，并有树枝状充血。

其后侵害角膜，呈现角膜混浊和角膜溃疡，眼前房积脓或角膜破裂，晶状体可能脱落，造成永久性失明。

图 2-9-1 眼睑肿胀

图 2-9-2 结膜肿胀、充血

图 2-9-3　眼睑闭合、怕光流泪

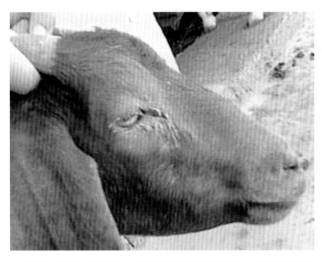

图 2-9-4　结膜炎眼内角分泌物结痂

图 2-9-5 波尔山羊：结膜炎症（脓性分泌物）

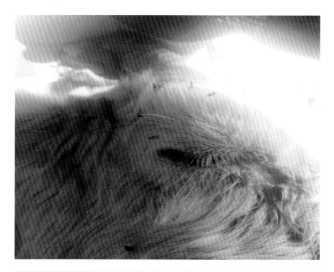

图 2-9-6 鲁北白山羊：结膜炎症（脓性分泌物）

图2-9-7 小尾寒羊：结膜炎症（脓性分泌物）

图2-9-8 结膜炎症（晶状体混浊）

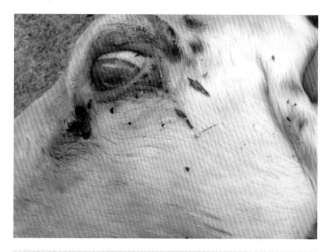

图 2-9-9　角膜混浊失明

【诊断要点】 >>>>

结膜充血、畏光流泪、脓性渗出物。

【预防措施】 >>>>

建立健康羊群，病羊予以隔离、治疗，定时清扫消毒；新购羊只至少需隔离 60 天，再与健康羊合群。

【治疗措施】 >>>>

发病羊只应尽早治疗。

1）用 2% 硼酸溶液洗眼，拭干后再用 3% 弱蛋白银溶液滴入结膜囊中，每天 2～3 次。

2）用 0.025% 硝酸银液滴眼，每天 2 次，或涂以土霉素软膏。

3）自家血清疗法：自家血清每次 5～10mL，于两眼的上、下眼睑皮下注射，隔两天再注射 1 次，效果很好。

4）重症病羊和角膜混浊者，应用抗生素 + 普鲁卡因 + 地塞米松，混合后做眼底封闭，效果甚佳。

图 2-9-10　注射部位为上眼睑皮下（箭头所指位置为颞窝，眼底封闭时自此插入）

十、附红细胞体病

【简介】 >>>>

羊的附红细胞体病属人畜共患急性传染病。发病羊主要以黄疸性贫血和发热为特征，严重时因衰竭而死亡。给我国部分地区羊业发展造成一定损失。

【病原及流行特点】 >>>>

对于附红细胞体归哪个属有一个认识过程：20 世纪 90 年代末认为是原虫，后来认为应归属立克次氏体属，也有人认为是嗜红细胞型的支原体。这种微生物呈多形态，有球形、杆形、环形、三角形及哑铃形，长度为 1 ~ 2nm。用姬姆萨染色呈蓝色到粉红色；革兰氏染色阴性，附着在红细胞表面和血浆中。

绵羊多发附红细胞体病，而且会传给山羊，但不会传给其他动物。本病在羊群多呈隐性感染，在营养不良、微量元素缺乏、螨虫病、应激和虚弱的羊群中易发。接触性、血源性、垂直性传播是主渠道，附红细胞体一旦侵入外周血液便会迅速增殖，破坏红细胞，引发贫血和黄疸。因本病还可通过昆虫叮咬而传播，所以炎热季节多发。病原对低温抵抗力强。羔羊死亡率较高。

【临床症状】 >>>>

病羊在感染附红细胞体1~3周后发病，初期体温升高，精神沉郁，饮食和饮水不停，但形体消瘦、虚弱、贫血、病羔生长不良，可视黏膜苍白、黄染（因红细胞破坏崩解释放出胆绿素，经氧化胆绿素变为胆红素，胆红素为黄色，随血液流遍全身至黄染），有的下颌水肿，有的出现腹泻，典型的出现血红蛋白尿。最后衰竭而死。怀孕羊常出现流产。

图 2-10-1 病羊在群内卧地不起

图 2-10-2　病羊高热、精神沉郁

图 2-10-3　因贫血在不该听到心音的肩胛部
　　　　　即可听到心跳

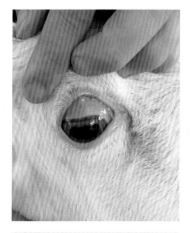

图 2-10-4 巩膜贫血黄染

【实验室检查】 >>>>

血液学检查显示血液稀薄、红细胞数量可减少 3/4；尿液呈酱油样，内有血红蛋白；红细胞表面和血浆中有大量呈星状、锯齿状、不规则的病原微生物。

图 2-10-5 酱油色血红蛋白尿

图 2-10-6 上为血红蛋白尿下为血球沉淀

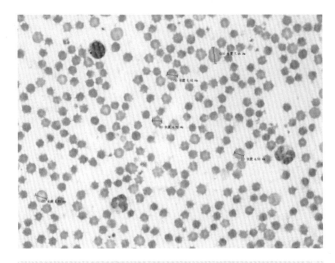

图 2-10-7 镜检附红细胞体形状呈星状、锯齿状

【诊断要点】>>>>

（1）**临床特征** 高热、贫血、黄疸、血红蛋白尿。

（2）**血液检查** 镜检有许多附红细胞体存在。

【防治措施】>>>>

1）定期应用高效驱虫药物。

2）本病目前尚无疫苗免疫，药物治疗需采用综合措施。

3）大群用药常用中药拌料预防和治疗；对发病羊在应用中药的同时，可选择土霉素、多西环素、磺胺类、三氮脒、咪唑苯脲等其中两种配合肌内注射，连用 3～4 次；可应用牲血素类药物。

十一、皮肤霉菌病

【简介】>>>>

羊的皮肤霉菌病属真菌范围，俗称"癣"，是由多种致病性皮肤霉菌引起的皮肤传染病。绵羊、山羊均有发生，临床形成癣斑和脱毛，给养羊业造成一定的经济损失。

【病原及流行特点】>>>>

引起羊皮肤霉菌病的病原主要为毛癣菌属及小孢霉菌属中的一些成员，包括疣状毛癣菌、须毛癣菌和犬小孢霉菌等。

本菌对外界环境抵抗力强，耐干燥，100℃ 干热 1h 方可致死，但对湿热抵抗力不强；对一般消毒药耐受性强，1% 醋酸需 1h，1% 氢氧化钠数小时；对一般抗生素及磺胺类药不敏感。而制霉菌素、二性霉素 B 和灰黄霉素等对本菌有抑制作用。

病羊和人为本病的重要传染源。本菌可随皮屑及其孢子排到环境，搔痒、摩擦等为间接传播，从损伤的皮肤发生感染。

自然情况下牛最易感，其次为猪、马、驴、绵羊、山羊等；人也易感。许多种皮肤霉菌可以人畜互传或在不同动物之间相互传染。

如疣状毛癣菌主要感染牛、马，有时感染羊；犬小孢霉菌主要感染犬，但还可引起羊和人感染。本病一年四季都可发生，但冬季阴暗潮湿且通风不良的羊舍更有利于本病的发生。幼年羊较成年羊易感；营养不良、羊群密集、羊舍湿度大等有利于本病传播。

【临床症状】 >>>>

主要发生在颈、背、肩、耳等处，但不侵害四肢下端。患部皮肤增厚，有灰色的鳞屑，被毛易折断或脱落，也有的表现为一个圆圈，上面有许多皮屑，就像有一层面粉在上面；有的单纯的圆形脱屑，只留有少数几根断毛。由于病羊经常擦痒，致使病变有蔓延至其他部位的倾向。有的患病羊不安、摩擦、减食、消瘦；而有的病羊不痛不痒，就是难看。

图2-11-1　耳背长有灰绿色癣斑

图2-11-2 山羊鼻头长有灰白色癣斑

图2-11-3 病羊脱毛皮肤却光滑

【诊断要点】 >>>>

依据羊只皮肤上出现有界限明显的癣斑，患部皮肤变硬、脱毛、覆以鳞屑或痂皮即应考虑本病，确诊需进行真菌学检查。

注意一定不要和疥螨病混淆。

1）直接镜检。将患部以70%酒精擦洗后，从患部及健康皮肤的交界处上取感染部位的被毛、鳞屑等置于载玻片上，滴加10%氢氧化钾或乳酸酚棉蓝1~2滴，加盖玻片，待被检病料变透明时镜检，若患部材料中见有孢子或分枝的菌丝即为本病。

2）动物试验。常用敏感的实验动物是家兔。接种部位先剪毛，用1%高锰酸钾液洗净，再用细砂纸轻擦接种部，涂擦上述标本材料的稀释液，隔离饲养观察。阳性者经7~8天，于接种部位出现炎症反应、脱毛和癣斑。

3）必要时做真菌分离与鉴定。

【预防措施】 >>>>

1）新购羊只要隔离观察1个月以上，无病者方可混群。

2）羊舍要通风向阳，圈舍和用具要固定使用，定期消毒。

3）防止饲养和放牧人员受到感染。

【治疗措施】 >>>>

1）发现病羊应对全群羊只进行逐一检查，集中患病羊隔离治疗。患部先剪毛，再用肥皂水或来苏儿洗去痂皮，待干燥后，选用10%水杨酸酒精或油膏涂擦患部；或用3%灰黄霉素软膏、制霉菌素软膏、杀烈癣膏、10%克霉唑、5%硫黄软膏等药涂擦患部，每天或隔天1次。

2）污染的羊舍、用具以3%甲醛溶液加2%氢氧化钠进行消毒。

十二、破 伤 风

【简介】 >>>>

羊的破伤风病又名强直症，俗称"锁口风"，其特征为全身或部分骨骼肌肉发生痉挛性或强直性收缩而表现出僵硬状态，死亡率特高。是初生羔羊和绵羊的一种常发传染病。

【病原及流行特点】 >>>>

病原为破伤风梭菌。分类上属芽胞杆菌属，为细长的杆菌，多单个存在，能形成芽胞。芽胞位于菌体的一端似鼓槌状，有鞭毛、能运动、无荚膜。革兰氏染色阳性。

本菌为厌氧菌，一般消毒药均能在短时间内将其杀死，但芽胞具有很强的抵抗力，在土壤表层能存活数年。本菌对青霉素敏感，磺胺药次之，链霉素无效。

本病通常由污染了含有破伤风芽胞梭菌的小伤口引起。如断脐、去势、断尾、去角等；母羊多发生于产死胎和胎衣不下的情况下，有时由于难产助产中消毒不严格，以致在阴唇结有厚痂的情况下发生本病。也可以经胃肠黏膜的损伤感染。病菌侵入伤口以后，在局部大量繁殖，并产生毒素，危害神经系统。由于本菌为厌氧菌，故被土壤、粪便或腐败组织所封闭的伤口，最容易感染和发病。

【临床症状】 >>>>

病初常表现卧下后不能起立，或者站立时不能卧下，逐渐发展为四肢强直，运步困难；由于咬肌的强直收缩，牙关紧闭、流涎吐沫、吞咽困难、瘤胃臌气；头颈僵硬、眼圆睁，对刺激敏感性增高。病后期常因急性腹泻而死亡。

图 2-12-1　病羊倒地不能站立

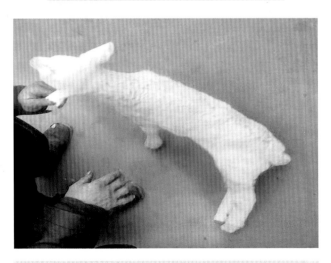

图 2-12-2　站立不稳、极易倒地

图 2-12-3 耳朵僵硬、眼睛圆睁

图 2-12-4 病羊站立似木制假羊

【诊断要点】 >>>>

四肢僵硬，颈项强直，牙关紧闭，站立似木制假羊。

【预防措施】 >>>>

预防注射：破伤风类毒素是预防本病的有效生物制剂，或在母羊产后母子均注射精制破伤风抗毒素。

【治疗措施】 >>>>

1）创伤处理：对感染创伤进行有效的防腐消毒处理。彻底排除脓汁、异物、坏死组织及痂皮等，并用消毒药物（3% 过氧化氢、2% 高锰酸钾或 5%~10% 碘酊）消毒创面；并配合青霉素注射。

2）早期注射精制破伤风抗毒素：可一次用足量（20 万~80 万单位）。抗破伤风血清在体内可保留 2 周。

3）加强护理：将病羊放于黑暗安静的地方，避免能够引起肌肉痉挛的一切刺激。给予柔软易消化且容易咽下的饲料（如稀粥）；多铺垫草以防发生褥疮；防治发生瘤胃臌气。

4）为了缓解痉挛，可输入 25% 硫酸镁溶液，每天 1 次，每次 10~20mL；或按每千克体重 2mg 肌内注射氯丙嗪。

第三章 寄生虫病

一、鼻蝇蛆病

【简介】 >>>>

羊鼻蝇蛆病是由羊鼻蝇的幼虫寄生在羊的鼻腔及其附近的腔窦引起的一种慢性寄生虫病，以慢性鼻窦炎和额窦炎为特征，对绵羊的危害较大。本病在我国多数地区较为常见。

【病原与生活史】 >>>>

羊鼻蝇成虫一般在每年的2~4月开始出现，尤以夏季为多。成虫在6、7月开始接触羊群，雌虫钻入羊鼻孔内产蛆滋生幼虫。幼虫逐渐向鼻孔内爬行，一直爬到头骨额腔中，也有极个别的爬到气管、支气管、眼、耳等组织器官管道中，并附着于黏膜上，逐渐发育，在鼻腔、额窦内发育至第三期幼虫。第三期幼虫成熟后又逐渐移向鼻孔，当羊

图3-1-1 羊鼻蝇幼虫1

只打喷嚏时喷出于地上，并钻入泥土中。根据气候的不同，经 1~2 个月由蛹变为鼻蝇成虫。雌雄交配后，雌虫又侵袭羊群再产幼虫。

图 3-1-2　羊鼻蝇幼虫 2

【临床症状】 >>>>

病羊精神不安，四处躲避，摇头、低头，鼻端贴地或将头藏于其他羊的腹下避之，因休息不好，患病羊精神萎靡；鼻孔有分泌物，鼻黏膜肿胀、出血、发炎，打喷嚏；运动失调，站立不稳，最后食欲废绝，最终衰竭而死。

图 3-1-3　鼻蝇蛆病幼羊流脓性鼻液

【剖检变化】 >>>>

剖检病死羊，其鼻腔浆液性或脓性炎症、充血、出血，在鼻腔、鼻窦或额窦内可发现各期羊鼻蝇幼虫。若有幼虫爬行进入羊的气管、支气管、眼、耳、脑等器官管道内时，可引起相应的症状，并可在鼻腔、额窦、眼球后部等处发现羊鼻蝇虫。

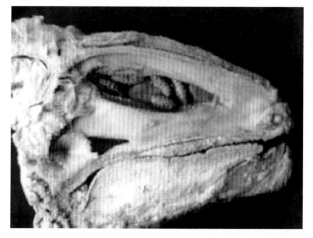

图 3-1-4 羊鼻蝇幼虫寄生的地方

【诊断要点】 >>>>

在鼻腔及额窦内找到羊鼻蝇虫幼虫。

【预防措施】 >>>>

1）消灭蛆蛹和成虫。在冬末春初，挖掘羊舍周围墙角等地带的蛆蛹，并加以消灭；在初春后，发现有羊鼻蝇成虫时，使用 1% ~ 2% 敌敌畏溶液喷雾消毒或捕捉等措施，随时给予消灭。

2）定期驱虫：以消灭第一期幼虫为主要措施。在羊鼻蝇蛆病流行季节，用 3% 来苏儿溶液喷入羊的鼻腔内，其消灭羊鼻蝇幼虫的效果较为明显。据实际经验，每年以鼻蝇活动的旺季、秋防和鼻蝇活动后期进行 3 次鼻腔驱除鼻蝇虫为宜。

【治疗措施】 >>>>

使用伊维菌素，按照 200mg/kg，皮下注射；或者选择伊维菌素 100mg/kg + 2% 普鲁卡因，颈部皮下注射，1 次即可；也可用 2% ~ 3% 来苏儿溶液喷鼻治疗。

二、脑包虫病

【简介】 >>>>

羊脑包虫病又称为脑多头蚴病或晕倒病，由多头绦虫的幼虫寄生于羊脑和脊髓引起的一种疾病，以脑炎、脑膜炎及一系列神经症状为特征。本病在我国各省、市、区均有报道，多呈地方性流行，并可引起动物死亡。牧区或非牧区，只要有养犬习惯，羊均可能感染，且一年四季都有感染的可能。

【病原与生活史】 >>>>

多头蚴的成虫是寄生于犬小肠的多头绦虫，绦虫中期为多头蚴，呈包囊状，囊体由豌豆到鸡蛋大小，囊内充满透明液体，囊内膜附有 100 ~ 200 个头节。多头绦虫寄生于犬、狼、狐狸（终末宿主）的小肠内，孕节片脱落随粪便排出体外，节片与虫卵散布于草场，污染饲草、饮水、被羊（中间宿主）吞食进入胃肠道，六钩蚴逸出，钻入肠黏膜血管内，其后随血液到脑脊髓中，经 2 ~ 3 个月发育成多头蚴，引起羊的脑包虫病。

【流行特点】 >>>>

本病全年发病，但以 9 ~ 12 月多发。2 周岁以内的羊易感，并多见于犬活动频繁的地方。污染严重地区，呈现较高的发病率和病死率。

【临床症状】 >>>>

（1）急性型 与脑炎症状相似，在羔羊中表现明显。病羊体温升高、呼吸急促，兴奋性运动（如前冲、后退或回旋运动等），部分病羊在 1～3 天内死亡，耐过羊转为慢性。

（2）**慢性型** 症状表现不明显，常见病羊反应迟钝，行动迟缓，放牧时靠一侧行走，不跟群。后期，精神委顿，不时做转圈运动，或根据寄生部位的差异，出现羊头下垂向前做直线运动，头高举或做后退运动等，站立或运动失衡，并伴有强制性痉挛；患部对侧眼睛失明，后肢麻痹，小便失禁，常衰竭死亡。

图 3-2-1　病羊头颈一侧偏斜

图 3-2-2　病羊向右侧转圈

图 3-2-3　病羊倒地痉挛

【剖检变化】 >>>>

急性死亡的羊见有脑膜炎和脑炎病变，还可见到六钩蚴在脑膜中移行时留下的弯曲伤痕。慢性期的病例则可在脑、脊髓的不同部位发现 1 个或数个大小不等的囊状多头蚴；病变部位的颅骨松软、变薄，致使皮肤向表面隆起；病灶周围脑组织或较远的部位发炎。

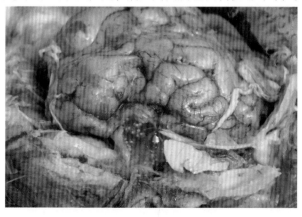

图 3-2-4　脑部有多头蚴囊状物 1

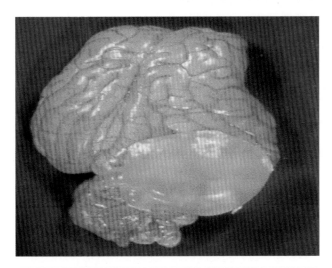

图 3-2-5　脑部有多头蚴囊状物 2

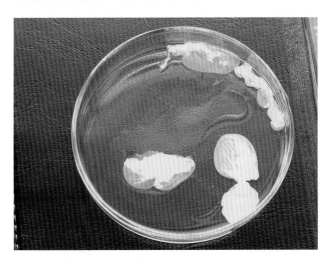

图 3-2-6　取出的多头蚴，囊内有液体

【诊断要点】 >>>>

（1）临床特征　神经症状、转圈运动。

（2）**剖检变化**　头骨软化、脑内发现虫体。

（3）**变态反应检测病原**　用多头蚴的囊壁及原头蚴制成乳剂变应原，注入羊的上眼睑内，如在注射 1h 后出现直径 1.75～4.2cm 的皮肤肥厚、肿大，并保持 6h，则判为阳性。

【**预防措施**】　>>>>

1）防止犬感染绦虫：对病死羊的脑、脊髓烧毁或深埋处理，防止犬等肉食兽吃到带有多头蚴的脑、脊髓。严格管理牧羊犬，防止犬粪便污染饲料、饮水。

2）定期驱虫，对护羊犬、羊群定期驱虫，每年 2～3 次。

【**治疗措施**】　>>>>

（1）**药物治疗**　初期可选择用药物治疗。选择吡喹酮 75mg/kg，连用 3 天或者阿苯达唑 50mg/kg，隔天 1 次，连用 3 次，效果较好。

治疗实践证明：吡喹酮口服效果极佳，临床上相当严重的病例都能治愈或好转。

（2）**手术治疗**　在药物保守疗法确实无效时，可采用手术治疗，将包囊取出。

手术部位在额顶部，局部剪毛，用 2% 碘酊消毒，再用 75% 酒精消毒，在骨质变软的部位作 U 字形切口，切透皮肤及皮下组织，分离皮瓣将它翻过并用线加以固定，但不切破骨膜。切口长宽均为 2cm（注意切口应在低处，及时止血），用圆锯在骨质上开一小孔，用力均匀，使脑膜暴露（同时助手保定好家畜）。确定包囊位置后，用注射针头避开血管刺入脑膜，发现有液体向外流出后，连接注射器并抽动活塞，尽量吸取包囊，直至吸尽为止。如果抽不出液体，在脑内注入 95% 酒精 7～8mL，即可杀死虫体。取出包囊后，用止血纱布擦拭手术部位，然后加入少量青霉素，把骨膜拉平，遮盖圆锯孔，最后结节缝合皮肤，用碘酊消毒后覆以绷带。

三、细颈囊尾蚴病

【简介】>>>>

羊的细颈囊尾蚴病俗称"水铃铛",是由泡状带绦虫的幼虫——细颈囊尾蚴寄生于绵羊、山羊等多种家畜的肝脏浆膜、网膜及肠系膜所引起的一种绦虫蚴病。本病主要感染羔羊,使其生长发育受阻,体重减轻,当大量感染时会因肝脏严重受损而导致死亡。本病在全国各地均有不同程度的发生,羊发病多见于与犬接触较为密切的饲养场和牧区。

【病原与生活史】>>>>

泡状带绦虫虫体长 75～500cm,链体由 250～300 个节片组成;头节上有 4 个吸盘,顶突上的小钩数为 30～40 个,后部的孕节较长。孕节子宫内为虫卵所充满,虫卵近似圆形,内含六钩蚴。

六钩蚴即发育为细颈囊尾蚴,其虫体呈包囊状,内含透明液体。囊体大小不一,最大可至小儿头大小。囊壁外层厚而坚韧,是由宿主动物结缔组织形成的包膜;虫体的囊壁薄而透明。肉眼观察时,可见囊壁上有 1 个不透明的乳白色结节,为其颈部和内陷的头节,如将头节翻转出来,则见头节与囊体之间具有 1 个细长的颈部。

细颈囊尾蚴的生活史:

成虫寄生于终末宿主(犬等肉食兽)的小肠内,发育成熟后孕节或虫卵随粪便排出体外,污染草场、饲料和饮水。当(中间宿主)误食了孕节或虫卵后,在消化道内孵化出六钩蚴,钻入肠壁血管,随血流到达肝脏,并由肝实质内逐渐移行到肝脏表面寄生,或进入腹腔内寄生于大网膜、肠系膜及腹腔的其他部位,甚至可进入胸腔寄生于肺脏。幼虫生长发育 3 个月左右具有感染能力。

终末宿主如吞食了含有细颈囊尾蚴的脏器后,细颈囊尾蚴在小肠内经过 52～78 天发育为成虫。

【流行特点】 >>>>

世界范围分布，全国各地流行。流行原因主要是由于感染泡状带绦虫的犬、狼等动物的粪便中会排出绦虫的孕节片或虫卵，随着犬、狼等动物（终末宿主）的活动污染了牧场、饲料和饮水而使羊群等中间宿主遭受感染。每逢杀猪宰羊时，凡不宜食用的废弃内脏随便丢弃在地，任凭犬吞食，使犬携带泡状带绦虫。犬的这种感染方式和这种形式的循环，在我国基层农村很常见。

【临床症状】 >>>>

羔羊症状明显。当肝脏及腹膜在六钩蚴的作用下发生炎症时，可出现体温升高，精神沉郁，腹水增加，腹壁有压痛，甚至发生死亡。经过上述急性发作后则转为慢性病程，一般表现为消瘦、衰弱和黄疸等症状。

【剖检变化】 >>>>

细颈囊尾蚴多悬垂于腹腔脏器上。

腹腔脏器上可见肝脏包膜、肠系膜、网膜上具有数量不等、大小不一的虫体包囊，严重时还可在肺脏和胸腔处发现虫体；有时出现腹水并混有渗出的血液。

图 3-3-1　腹膜上的细颈囊尾蚴虫体

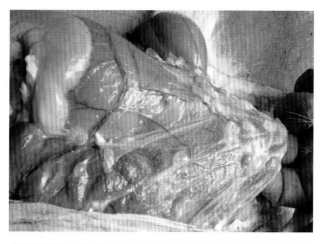

图 3-3-2　大网膜上的细颈囊尾蚴虫体

图 3-3-3　从腹腔收集的细颈囊尾蚴虫体

【诊断要点】 >>>>

细颈囊尾蚴病生前诊断非常困难，可用血清学方法，诊断时必须参照其临床症状，并在尸体剖检时发现虫体及相应病变才能确诊。

【防治措施】>>>>

1）治疗可试用吡喹酮，剂量按每千克体重50mg，每天1次，口服，连服2次；或可试用阿苯达唑或甲苯达唑治疗。

2）预防方法。含有细颈囊尾蚴的脏器应进行无害化处理，未经煮熟严禁喂犬。在本病的流行地区应及时给犬进行驱虫，驱虫可用吡喹酮（每千克体重5～10mg）或阿苯达唑（每千克体重15～20mg），1次口服。注意捕杀野犬、狼、狐等肉食兽。做好羊饲料、饮水及圈舍的清洁卫生工作，防止被犬粪污染。

四、捻转血矛线虫病

【简介】>>>>

羊捻转血矛线虫病是由寄生于羊的皱胃或小肠的捻转血矛线虫引起的一种寄生虫疾病，是危害养羊业健康发展的主要线虫病之一。本病在我国草地牧区普遍流行，可引起羊贫血、消瘦、慢性消耗性症状，并可引起死亡，给养羊业带来严重损失。

【病原与生活史】>>>>

捻转血矛线虫体长1～3cm，雄虫呈浅红色、雌虫呈红白扭缠的外观。虫卵随粪便排出体外后，在适宜的条件下，经4～5天孵出幼虫，再经4～5天幼虫经两次脱皮成为感染性幼虫，感染性幼虫在潮湿的环境中离开粪便，群集在草上，当羊吃草时吞食了感染性幼虫而被感染。幼虫在皱胃内经两次脱皮，过2～3周发育为成虫。寄生于皱胃的捻转血矛线虫主要造成皱胃的炎症和出血，引起羊贫血和营养代谢性问题，甚至衰竭死亡。

【流行特点】>>>>

本病在全国各地有不同程度的发生和流行，羔羊和青年羊发病率及死亡率较高，成年羊抵抗力较强，被感染羊有"自愈"现象。本病发生有一定的季节性，在5～6月和8～10月多发，7月发病略少，冬季发病极少。低洼潮湿的草地有利于本病的传播；在阴天、小雨后放牧，或在露水草地放牧，最易感染本病。

【临床症状】>>>>

主要表现为贫血、衰弱和消化紊乱等。急性型多见于羔羊，常因一次大量感染虫体引起突然死亡；一般为亚急性经过，病羊被毛粗乱、消瘦、精神萎靡，胃肠道炎症，便秘或腹泻，严重时卧地不起，眼结膜苍白，下颌间或下腹部水肿。病程可达2～3个月或更长，大多衰竭死亡。

图 3-4-1　病羊下颌水肿

【剖检变化】>>>>

病死羊尸体消瘦，血液稀薄，呈浅红色，不易凝固。内脏水肿。皱胃内可见大量虫体，它们吸着在胃黏膜上或游离于胃内容物中；附着在胃黏膜上时如覆盖着毛毯一样，为一层暗棕色虫体，有的绞结成黏液状团块，有些还会慢慢蠕动。而虫体最多的地方是幽门口周围。

图3-4-2　皱胃幽门口捻转血矛线虫呈片状、地毯状聚集

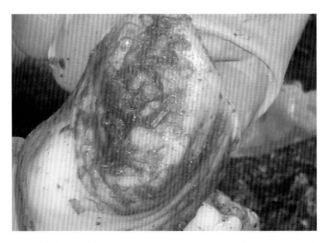

图3-4-3　皱胃黏膜表面有虫体

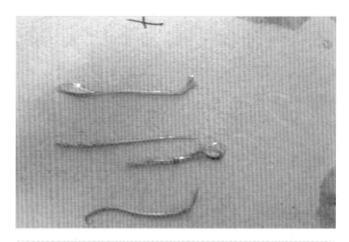

图 3-4-4　皱胃捻转血矛线虫虫体

【诊断要点】 >>>>>

确诊需剖检，在皱胃或小肠发现捻转血矛线虫才能确诊。

【预防措施】 >>>>>

（1）驱虫　每年春、秋季各进行 1 次驱虫；或者冬季进行 1 次驱虫。在本病严重的地区或本病严重的羊群，应在 5～6 月增加 1 次驱虫。羔羊在当年的 8～9 月应进行首次驱虫。

（2）管理　注意饲料和饮水卫生。放牧时，避开低洼潮湿地或避免吃露水草，以减少感染的机会。

（3）卫生　每年两次清理圈舍，将粪便堆积发酵处理，消灭虫卵和幼虫；圈舍适时进行药物消毒。

【治疗措施】 >>>>>

可用左旋咪唑 6～10mg/kg，或阿苯达唑 10～15mg/kg，或甲苯达唑 10～15mg/kg，混精料喂服或灌服；或者用伊维菌素按照 0.2mg/kg 进行皮下注射。1 次即可。

五、绦　虫　病

【简介】 >>>>

羊绦虫病是由莫尼茨绦虫、曲子宫绦虫、无卵黄腺绦虫寄生于羊小肠内引起的羊的一种慢性、消耗性疾病，以渐进性消瘦、生长缓慢、水肿、腹泻为特征。本病分布于世界各地，我国各地也均有报道，多呈地方性流行，主要危害羔羊。

【病原与生活史】 >>>>

我国常见的莫尼茨绦虫有两种：扩展莫尼茨绦虫和贝氏莫尼茨绦虫，它们在外观上很相似，头节小，近似球形，上有 4 个吸盘，无顶突和小钩，体节宽而短，成节内有两套生殖器官，生殖孔开在节片的两侧。扩展莫尼茨绦虫卵近似三角形；贝氏莫尼茨绦虫呈黄白色，长可达 4m，虫卵为四角形。莫尼茨绦虫虫卵内有特殊的梨形器，器内有六钩蚴。

位于羊肠道内的绦虫成熟节片及虫卵随粪便排到体外后，被地螨吞食并在地螨体内发育为似囊尾蚴。这一过程在 26 ~ 28℃ 时需 111 ~ 113 天。含有似囊尾蚴的地螨随草被羊吞食，地螨被消化液分解，似囊尾蚴用吸盘吸附在小肠壁上寄生，40 天左右发育为成虫。

【流行特点】 >>>>

本病发生有明显的季节性，我国北方 6 ~ 10 月、南方 4 ~ 5 月放牧羊群容易发病，这主要与莫尼茨绦虫的中间宿主——地螨的活动密切相关。地螨白天躲在深的草皮下或腐殖质中，在黄昏或黎明开始爬出，寻找食物，此时放牧羊只就易吃到带地螨的牧草。阴天、雨后的时间，阴暗、潮湿、腐殖质多的地方感染的概率更高。地螨可生存 18 个月以上，每代地螨有 9 ~ 12 个月的传播期。

【临床症状】 >>>>

半岁以内的羔羊易感。感染初期，羔羊表现为食欲减退、饮欲增加、发育受阻等症状；随着感染时间延后和感染程度加深，病羊表现为腹胀腹痛、掉毛、体弱贫血等症状；严重时病羊下痢，粪便中混有成熟绦虫节片；由于毒素作用，有时出现痉挛或回旋运动或头部后仰的神经症状；有的病羊因虫体成团引起肠阻塞产生腹痛甚至肠破裂；后期，常因衰竭而死亡。

图 3-5-1 羔羊衰竭卧地

【剖检变化】 >>>>

多见消瘦、贫血，小肠内可见数量不等的虫体，数量多时甚至阻塞肠道或造成肠道扭转。

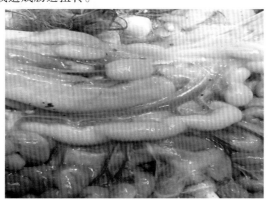

图 3-5-2 空肠内有虫体

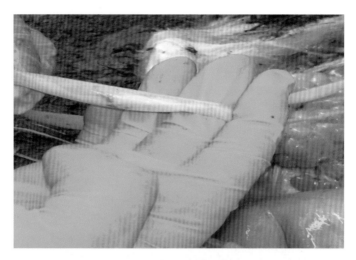

图 3-5-3　虫体清晰可见

图 3-5-4　较短的白色绦虫

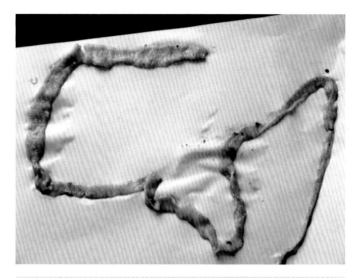

图 3-5-5 较短的黄褐色绦虫

图 3-5-6 较长的微黄色绦虫

图 3-5-7　粪便中的孕卵节片

【诊断要点】 >>>>

羔羊消瘦、孕节排出、虫体检查。

虫体检查：可通过检查绦虫孕卵节片或虫卵的方法进行。

1）查粪便中是否有绦虫孕卵节片：清晨清理羊舍时，查看新鲜的粪便，如有莫尼茨绦虫的病畜，就能在粪便表面发现黄白色、圆柱形，长约 1.0cm，厚达 0.2~0.3cm，具有活动性的孕卵节片。如感染较轻，孕卵节片排出不多，可用常水反复淘洗粪便，检查沉渣。

2）饱和盐水漂浮法检查虫卵：采病羊的新鲜粪便，加适量的生理盐水或常水后，搅匀，用滴管吸取一滴含有虫卵的液体滴在洁净的载玻片上，加盖玻片后，镜检，如发现米粒大小、黄白色、三角形或四角形、内含梨形器的虫卵即可确定。

【预防措施】 >>>>

（1）定期驱虫　羔羊在春季放牧后 30~35 天，应在虫体成熟前进行第一次药物驱虫，10~15 天重复驱虫 1 次。成羊在放牧 50 天后进行驱虫，每年 2~3 次。驱虫药物可选择硫双二氯酚（别丁）

75 ~ 100mg/kg；阿苯达唑 15 ~ 45mg/kg；氯硝柳胺（灭绦灵）50 ~ 75mg/kg，均为 1 次口服用药。

（2）科学饲喂 合理安排放牧时间和选择放牧地点。避免在低洼地、雨后、清晨及黄昏时间放牧。同时，可通过更新牧地、农牧轮作、种植高质量牧草等措施达到消灭或减少地螨的数量，切断羊绦虫病的感染传播途径。

（3）粪便处理 驱虫后的粪便要堆积发酵处理。经过驱虫的羊群，要转移到没有污染的牧场放牧。

【治疗措施】 >>>>

确诊此病后，要对全群进行及时的治疗，可选择硫双二氯酚（别丁）75 ~ 100mg/kg，或阿苯达唑 15 ~ 45mg/kg，或氯硝柳胺（灭绦灵）50 ~ 75mg/kg，计算好剂量后，1 次口服。在第一次用药 7 ~ 10 天后，再重复用药 1 次，同时加强营养和对继发疫病的防控。

六、双腔吸虫病

【简介】 >>>>

双腔吸虫病又称为复腔吸虫病，是由双腔吸虫寄生于胆管和胆囊内所引起的一种慢性寄生虫病。本病在我国分布很广，特别是在我国北方牧区流行比较广泛，感染率高，绵羊发病率高。

【病原与生活史】 >>>>

寄生于羊肝脏胆管中的是双腔科、双腔属的矛形双腔吸虫和中华双腔吸虫。

矛形双腔吸虫虫体扁平、半透明，外观呈"矛"形，新鲜虫体呈棕褐色，固定后变为灰白色。虫体长为 5 ~ 15mm，宽为 1.5 ~ 2.5mm。口吸盘位于虫体前端，腹吸盘位于口吸盘稍后方，二者相距不远，腹吸盘大于口吸盘。睾丸有两个，近似圆形，稍有分叶，前后斜列于腹吸盘之后。卵巢呈圆形或不规则形状，位于睾丸之后，卵黄腺呈细小的颗粒状，位于虫体中部两侧。子宫弯曲，充满虫体的后部。中华双腔吸虫病感染相对较少。

矛形双腔吸虫在发育过程中，需要两个中间宿主参加，中间宿主是陆地螺，补充宿主是蚂蚁。成虫在肝胆管和胆囊中产卵，虫卵随胆汁进入肠道，然后随粪便排出体外，排出的成熟虫卵内已含有发育好的毛蚴。虫卵被中间宿主吞食后，毛蚴破卵壳而出，经胞蚴、子胞蚴阶段后发育为尾蚴。尾蚴离开螺体，黏附于植物叶上或其他物体上，被补充宿主吞食，在补充宿主体内发育为囊蚴。牛羊吃草时，将含有囊蚴的蚂蚁一起吞食而感染。幼虫沿十二指肠、胆管逆行进入肝脏后发育为成虫。

【流行特点】 >>>>>

本病一年四季均可发病。其中夏、秋两季多发，尤其是夏、季多雨、炎热，更容易感染发病。羊吃了附着有囊蚴的水草而感染，各种年龄、性别、品种的羊均能感染，羔羊和绵羊的病死率高。本病常呈地方性流行，放牧的羊群发病较严重。

【临床症状】 >>>>>

羔羊临床症状较为明显，急性感染时表现为精神倦怠、食欲减退、体质虚弱，放牧时离群落后；体温升高，出现轻度腹泻、黄疸，肝区有压痛表现，叩诊肝脏浊音区扩大。有的病羊在几天后死亡。

轻度感染则表现黏膜黄染、苍白，眼睑、颌下、胸下及腹下水肿，有的患病羊颌下水肿波及面部，致使其面部肿大。患病的母羊乳汁稀薄，怀孕羊出现流产，有的患病羊病后期头向后仰、空口咀嚼、卧地不起，最后衰竭死亡。

【剖检变化】 >>>>>

可在肝脏内找到虫体。当虫体寄生较多时，可引起胆管卡他性炎症和增生性炎症，胆管周围结缔组织增生。眼观可见大、小胆管变粗变厚，肝脏发生硬变肿大，胆管扩张。矛形双腔吸虫感染时，可在胆管内发现棕红色、扁平的柳叶形虫体。

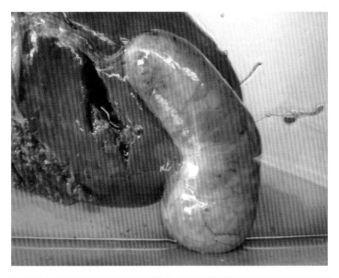

图 3-6-1 胆囊扩张、内有虫体

图 3-6-2 肝脏肿大、肝实质炎症

图 3-6-3 双腔吸虫虫体

【诊断要点】 >>>>

（1）虫卵检测 一般选取尼龙筛淘洗法或反复沉淀法检测。

（2）鉴别诊断 应与肝片吸虫病相鉴别。

肝片吸虫感染时，能够发现长卵圆形、金黄色、大小为（116~132）μm×（66~82）μm 的虫卵存在；双腔吸虫感染时，可以发现扁平而透明、呈柳叶状、体长 5~15mm、宽 1.5~2.5mm 的活的棕红色虫体。

【预防措施】 >>>>

（1）定期驱虫 每年在 2~3 月和 10~11 月两次定期驱虫。最理想的驱虫药是硝氯酚，3~5mg/kg，空腹 1 次灌服，每天 1次，连用 3 天。另外，可选择服用阿苯达唑、氯氰碘柳胺钠等药物。

（2）加强管理 采取轮牧方式或者放牧与舍饲相结合的方式，消灭中间宿主；适当延长舍饲的时间，待牧草长出一定高度后再行放牧，减少羊群啃食草根的概率；养鸡或化学药品可消灭蜗牛和蚂蚁（消灭中间宿主）。

（3）驱虫后的粪便处理 要严格管理，不能乱丢，集中起来堆积发酵处理，防止污染羊舍和草场及再次感染发病。

【治疗措施】 >>>>

对病羊肌内注射氯氰碘柳胺钠 5～10mg/kg；或者口服吡喹酮 30mg/kg；或者口服阿苯达唑 5～10mg/kg。其中，氯氰碘柳胺钠对绵羊双腔吸虫的驱杀效果好且毒副作用相对较小，可作为驱杀双腔吸虫的首选药物。

七、棘球蚴病

【简介】 >>>>

棘球蚴病也称为囊虫病或包虫病，俗称肝包虫病，是由数种棘球绦虫的幼虫——棘球蚴寄生于绵羊、山羊的肝脏、肺脏等脏器中所引起的一种严重的人兽共患寄生虫病。由于蚴体生长力强，体积大，不仅压迫周围组织使之萎缩和功能障碍，还易造成继发感染；如果蚴体包囊破裂，可引起过敏反应，甚至死亡。本病对绵羊的危害最为严重。

【病原与生活史】 >>>>

棘球蚴是犬细粒棘球绦虫的幼虫期。细粒棘球蚴呈多种多样的包囊状，大小可由黄豆粒至西瓜大，囊内充满液体。绵羊是棘球蚴最适宜的宿主，常寄生于羊的肝脏、肺脏、脾脏、肾脏等器官表面。

终末宿主狗、狼、狐狸把含有细粒棘球绦虫的孕卵节片和虫卵的粪便排出，污染牧草、牧地和水源。当羊只通过吃草饮水吞下虫卵后，卵膜因胃酸作用被破坏，六钩蚴逸出，钻入肠黏膜血管，随血流达到全身各组织，逐渐生长发育成棘球蚴。棘球蚴最常见的寄生部位是肝脏和肺脏。如果终末宿主吃了含有棘球蚴的器官，棘球蚴经 2.5 ~ 3 个月就在肠道内发育成细粒棘球绦虫，并可在宿主肠道内生活达 6 个月之久。

【临床症状】 >>>>

轻度感染和感染初期通常无明显症状；严重感染的羊，被毛逆立，时常脱毛，肥育不良，肺部感染时有明显的咳嗽；咳后往往卧地，不愿起立。寄生在肝表面时，可有消化不良等症状。

图 3-7-1　病羊消瘦、贫血

【剖检变化】 >>>>

虫体经常寄生在肝脏和肺脏。可见肝脏、肺脏表面凹凸不平、增大，有数量不等的棘球蚴包囊凸起；肝脏实质中亦有数量不等、大小不一的棘球蚴包囊。棘球蚴内含有大量液体；有时棘球蚴发生钙化和化脓。

图 3-7-2　棘球蚴包囊，内含大量液体

图 3-7-3　病羊肝脏肿大

图 3-7-4　肝脏切面贫血、发黄

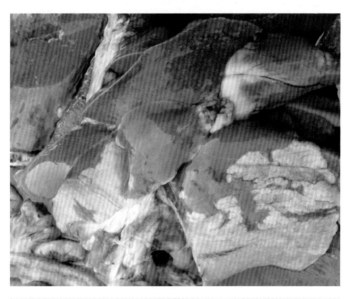

图 3-7-5　肺脏肿胀、大面积实变

图 3-7-6　病肺切面实变

图 3-7-7　肝脏棘球蚴包囊钙化

图 3-7-8　肝脏包囊钙化呈同心圆状

图 3-7-9　棘球蚴包囊实变

图 3-7-10　脏脏硬化、表面凸出棘球蚴包囊

【诊断要点】 >>>>

消瘦、水肿、黄染、皮内变态反应。

皮内变态反应：用无菌方法采取屠宰家畜的新鲜棘球蚴液 0.1 ~ 0.2mL，在疑似病羊的颈部进行皮内注射，同时再用生理盐水在另一部位注射（相距应在 10cm 以外）作为对照。

如果在注射后 5 ~ 10min（最迟不超过 1h），注射部位发生直径为 0.5 ~ 2.0cm 的红肿，随后红肿的周围出现红色圆圈，圆圈在几分钟后变成紫红色，经 15 ~ 20min 又变成暗樱色的，为阳性反应。不表现红肿的则为阴性反应。诊断的准确率可达 95%。

【防治措施】 >>>>

1）做好饲料、饮水及圈舍的清洁卫生工作，防止犬粪污染。

2）驱除犬的绦虫，要求每个季度进行 1 次，驱虫药用氢溴酸槟榔碱时，剂量按 1 ~ 4mg/kg，禁食 12 ~ 18h 后口服；也可选用吡喹酮，剂量按 5 ~ 10mg/kg 口服。服药后，犬应拴留 24h，并将所排出的粪便及垫草等全部烧毁或深埋处理，以防病原扩散传播。患棘球蚴病畜的脏器一律进行深埋或烧毁，以防被犬或其他肉食兽吃入。

3）药物治疗。初期可选择药物治疗。选择吡喹酮 75mg/kg，连用 3 天，丙硫咪唑 50mg/kg，隔天 1 次，连用 3 次，效果较好。

八、肝片吸虫病

【简介】 >>>>

羊肝片吸虫病又名"羊肝蛭"，是养羊业中广泛存在并且危害极大的一种寄生虫病。肝片吸虫主要寄生在羊的肝脏和胆管内，表现为慢性或急性肝实质和胆管炎症或肝硬化，并伴有全身性中毒现象，常常引起羊的大批死亡。

【病原与生活史】 >>>>

肝片吸虫，其形状外观呈柳树叶状，刚从胆管中取出时呈棕红色，固定后变为灰白色。其大小随发育程度不同差别很大，一般成熟的虫体大小为长 21～41mm、宽 9～14mm，体表生有许多小棘。雌虫在胆管内产卵，卵顺胆汁流入肠道，随粪便排出体外。虫卵呈椭圆形、金黄色，前端较窄，有一个不明显的卵盖，后端较钝。卵壳薄而透明，由四层膜组成，卵内充满卵黄细胞和一个胚细胞。

生长过程：虫卵→毛蚴→钻入椎实螺体内→胞蚴→雷蚴→尾蚴→从螺体逸出→囊蚴。囊蚴附着在水草上，羊吃了附着有囊蚴的水草而感染。

【流行特点】 >>>>

羊肝片吸虫病多发生在夏、秋雨季，6～9 月为高发季节；各种年龄、性别、品种的羊均能感染；羔羊和绵羊的病死率高；常呈地方性流行，在低洼和沼泽地带放牧的羊群发病较严重。

【临床症状】 >>>>

临床上分为急性和慢性两种。夏、秋季节时羊只营养良好，所以通常不见症状表现。进入冬季以后，特别是春季羊只营养状况不良时，临床症状便很快表现出来。对于幼羊，即使寄生很少虫体也能呈现有害作用。一般来说绵羊体内寄生有 50 条以上的虫体就会表现出明显的临床症状。

（**1**）**急性型** 秋季（10～11 月）多发。病羊有轻度发热，被毛粗乱，食欲下降，腹胀，有时腹泻，黄疸，贫血，常常引起大批羊特别是羔羊死亡。粪检时查不到虫卵。

（**2**）**慢性型** 慢性型虽终年可见，但主要发生于冬、春季节。病羊食欲不振，此时虫体已寄居于胆管内，表现为贫血，黏膜苍白，逐渐消瘦，被毛粗乱，便秘与下痢交替发生，粪便呈黑褐色；眼睑、颌下水肿；怀孕母羊往往发生瘫痪，甚至流产，母羊泌乳量显著下降，最后因极度衰竭而死亡。

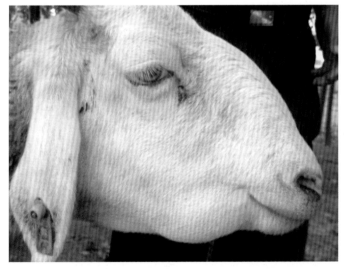

图 3-8-1 下颌水肿

图3-8-2 全头水肿

图3-8-3 消瘦、头部水肿

图3-8-4 眼结膜苍白

【剖检变化】 >>>>

（1）急性型 急性病例主要变化为黏膜苍白，腹腔中充满血水，其中含有幼小虫体；肝脏肿大和充血，呈急性肝炎病变，由于虫体移行破坏微血管，引起出血，有时可见到正在钻入肝脏的幼虫。绵羊往往发生急性死亡。

（2）慢性型 慢性病例肝脏增大、质地变硬，胆管扩大，充满灰褐色的胆汁和虫体。切断胆管时，可听到"嚓、嚓、嚓"的声音。由于胆管内胆汁积留与胆管肌纤维的消失，可以引起管道扩大及管壁增厚，触摸时感觉管壁厚而硬，致使灰黄色或暗紫色的索状物出现于肝脏的表面。

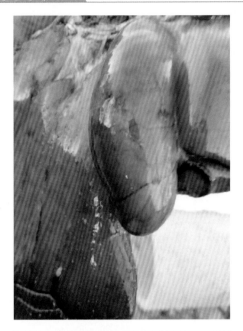

图3-8-5 胆囊肿胀

图3-8-6 胆管壁增厚所致的暗紫色索状物突起

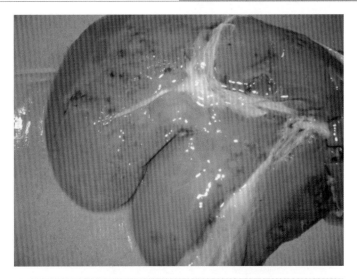

图 3-8-7 肝脏贫血、有少量索状物突起

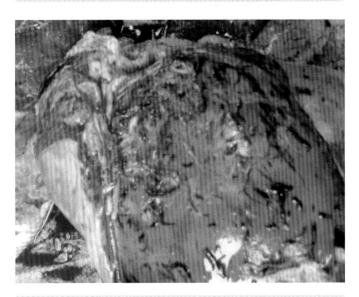

图 3-8-8 肝脏表面有大量索状物突起

图 3-8-9　切开肝脏，胆小管增生变粗

图 3-8-10　肝片吸虫

图 3-8-11　新鲜的肝片吸虫

【诊断要点】 >>>>

消瘦、水肿、黄染、虫卵检查。

粪便检查虫卵：采取新鲜粪便 5～10g，用尼龙筛淘洗法或反复沉淀法检出肝片吸虫卵，虫卵呈长卵圆形、金黄色。

【预防措施】 >>>>

（1）预防　防止羊采食被肝片吸虫囊蚴污染的草，不在低洼潮湿处放牧，及时清扫圈舍。

（2）驱虫　对感染的羊群，每年至少进行 3 次驱虫，虫体成熟前 20～30 天驱虫（成虫期前驱虫），间隔 5 个月第二次驱虫（成虫期驱虫），再间隔 2 个月进行第三次驱虫。常用预防驱虫药为阿苯达唑 10mg/kg，内服。

曾经发生过肝片吸虫病，又在水洼等地放牧的羊群，应在 5～11 月，每 2 个月注射 1 次氯碘醚柳胺，预防羊肝片吸虫病。

【治疗措施】 >>>>

对患肝片吸虫病的羊只，可肌内注射碘醚柳胺进行治疗，每天 1

次，连续注射 2 次。用药后，通过皮肤和黏膜观察贫血情况，症状未减轻的羊，10 天后可再进行碘醚柳胺注射治疗。

九、前后盘吸虫病

【简介】 >>>>

羊的前后盘吸虫病是指由前后盘科的吸虫寄生于瘤胃引起的疾病，因而又称为瘤胃吸虫病。主要感染绵羊。成虫寄生在羊的瘤胃和网胃壁上，危害不大；但幼虫则因在发育过程中移行于皱胃、小肠、胆管和胆囊，可造成较严重的疾病，甚至导致死亡。本病遍及全国各地，南方较北方更为多见。

【病原与生活史】 >>>>

羊的前后盘吸虫是由前后盘科的前后盘属、殖盘属、腹袋属、菲策属及卡妙属等多属前后盘吸虫组成的。虫体呈粉红色、梨形，长为 5~13mm，宽为 2~5mm。虫卵呈椭圆形、浅灰色。

前后盘吸虫种属很多，虫体大小互有差异，颜色可呈深红色、浅红色或乳白色；虫体在形态结构上亦有不同程度的差异。其主要的共同特征为：虫体柱状呈长椭圆形、梨形或圆锥形。

成虫寄生于羊（终末宿主）的瘤胃和网胃壁上产卵，卵进入肠道随粪便排出体外，在水中孵化出毛蚴。毛蚴遇到淡水螺（中间宿主）再钻入其体内，育成胞蚴、雷蚴和尾蚴。尾蚴具有前后吸盘及一对眼点。尾蚴离螺体，附着在水草上形成囊蚴。羊采食有囊蚴的水草而感染。囊蚴到达肠道后，童虫从囊内游离出来，附着在瘤胃黏膜之前，先在小肠、胆管、胆囊和皱胃内移行，寄生数十天，最后到达瘤胃发育为成虫。

【临床症状与剖检变化】 >>>>

感染严重病羊精神不振，食欲减弱，反刍减少，消化功能紊乱，消瘦，贫血，眼结膜苍白、黄染，呈顽固性腹泻。颌下及胸前皮下水肿，不愿运动，喜卧地，有时见有腹痛。有时虫体进入肺脏，发生异物性肺炎而致死亡。

剖检病死羊发现瘤胃黏膜上有成虫附着，在网胃、皱胃、肠管、胆管及胆囊腔寄生有幼虫。胃肠黏膜水肿、充血、出血或形成溃疡。

图 3-9-1　瘤胃黏膜一处病灶，虫体呈粉红色

图 3-9-2　二处病灶，虫体呈粉红色

图3-9-3　正常瘤胃黏膜

【诊断要点】 >>>>

粪便涂片可检出虫卵；剖检可见瘤胃有虫体。

【防治措施】 >>>>

定期驱虫，堆粪发酵消毒杀灭虫卵。治疗可选用硫氯酚、氯硝柳胺驱虫。每千克体重80mg，1次口服，对成虫、童虫、幼虫均有效。

十、疥　螨　病

【简介】 >>>>

羊的疥螨病又叫疥癣病、癞病，是由疥螨虫体寄生于羊皮肤内引起的皮肤病。以剧痒、脱毛、湿疹性皮炎和接触性感染为特征。羊患病后，毛的产量和质量都下降，危害很大，绒山羊普遍存在本病。

【病原与生活史】 >>>>

疥螨虫体属疥螨科、疥螨属的疥螨虫，呈龟形或圆形，浅黄色，背面有细横纹。雄虫长 0.2mm 左右，雌虫长 0.5mm 左右。口器呈蹄铁形，为咀嚼式。有 4 对肢，肢粗而短，第一、二对肢较长，凸出体缘，第三、四对肢较短，不凸出体缘。雄虫第一、二、四对肢末端有吸盘，第三对肢末端有刚毛。雌虫第一、二对肢末端有吸盘，第三、四对肢末端有刚毛。

疥螨的一生都在家畜体上度过，并能世代相继地生活在同一宿主身上，发育过程包括卵、幼虫，若虫和成虫 4 个阶段。疥螨口器为咀嚼式，在宿主表皮挖凿隧道以角质层组织和渗出的淋巴液为食，在隧道内进行发育和繁殖。雌虫在隧道内产卵，卵经 3~8 天孵出幼虫，幼虫经蜕皮后变为若虫、若虫再蜕皮变为成虫。全部发育过程为 8~22 天，平均 15 天。雄虫交配后死亡，雌虫产卵后 21~35 天死亡。

【流行特点】 >>>>

疥螨病是由病畜和健康畜直接接触而发生感染，也可由被螨及其卵污染的墙壁、垫草、厩舍、用具等间接接触感染。主要发生于冬季和秋末春初，因为这些季节，日光照射不足，体毛长而密，湿度大，最适合其生长和繁殖。

【临床症状】 >>>>

多发生于嘴唇、鼻子边缘及耳根等无毛或少毛部位。病羊皮肤剧痒，常在墙壁、木桩等处磨蹭或用后肢搔抓患部。由于患病羊的摩擦和啃咬，患部皮肤出现丘疹、结节、水疱，甚至脓疱，以后形成痂皮和龟裂，局部皮肤增厚和脱毛。发病一般从局部开始而波及全身。

大群感染发病时，可见病羊身上悬垂着零散的毛束或毛团，呈被毛褴褛的外观；以后毛束逐渐大批脱落，则出现裸露的皮肤，寒冷季节若不能及时治疗，甚至出现大面积死亡。

图 3-10-1　大群羊发病、脱毛

图 3-10-2　痒螨病羊脱毛、前躯裸露

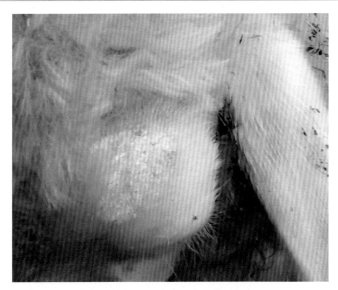

图 3-10-3　疥螨病羊头顶部的痂皮

图 3-10-4　眼上方疥螨病变

图3-10-5　耳郭内侧、眼下方、鼻上部疥螨病变

图3-10-6　两眼下方疥螨病变

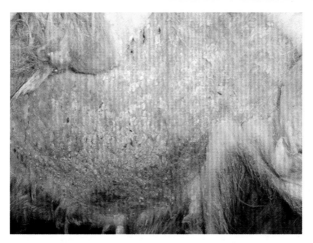

图3-10-7 躯体大部分脱毛、有痂皮

【诊断要点】 >>>>

（1）**发病季节** 秋末、冬季及初春多发。

（2）**临床症状** 剧痒和皮肤病变。

（3）**虫体检查** 在病健交界处刮至皮肤微出血，将皮屑放于培养皿内或黑纸上，在日光下暴晒或炉火上加温 40～50℃，经 30～40min 后移去皮屑，肉眼可见白色虫体在黑色背景上移动。

或将皮屑放在载玻片上，滴 10% 氢氧化钠、液状石蜡或 50% 甘油于病料上，镜检可见虫体活动。活螨在温热作用下，由皮屑内爬出，集结成团，若见沉于水底部的疥螨即可确诊。

【预防措施】 >>>>

1）平时注意羊圈、用具的清洁卫生，注意通风，羊群不要过密，定期进行消毒。

2）经常观察羊群中有无发痒和掉毛现象，一旦发现可疑病羊，要及时进行隔离饲养和治疗，以免互相传染。另外，在每年夏季剪毛后，应及时给羊进行药浴。

【治疗措施】 >>>>

（1）涂药疗法 适用于病羊数量少、患部面积小和寒冷的季节。先将患部及周围被毛剪掉，并用温肥皂水彻底刷洗，除去痂皮和污物。然后用来苏儿刷洗 1 次，擦干。用 5% 敌百虫水溶液（配方：来苏儿 5 份溶于 100 份温水中，再加入 5 份敌百虫）涂擦患部。

（2）依维菌素 羊 0.2mg/kg 颈部皮下注射，间隔 7 天再次用药。

（3）药浴疗法 主要适用病畜数量多和温暖季节，对羊最适用，既能预防，又能治疗。可用 0.025% ~ 0.03% 林丹乳油水乳剂、0.05% 辛硫磷乳油水剂等进行药浴。在药浴前应先做小群安全试验。

十一、蜱 虫 病

【简介】 >>>>

羊蜱虫病是指寄生在羊体表的一类吸血节肢动物蜱所引起的疾病。蜱虫是常见的体外吸血寄生虫，可引起宿主贫血、消瘦、体温升高，影响羊的生长发育，对养殖业造成较大的经济损失。

【病原及流行特点】 >>>>

蜱又名草鳖、草爬子，可分为硬蜱科和软蜱科两种，感染羊只的为硬蜱。硬蜱背侧体壁成厚实的盾片状角质板。硬蜱可传播病毒病、细菌病和原虫病等；蜱的外形像个袋子，头、胸和腹部融合为一个整体，因此，虫体上通常不分节。雌虫在地下或石缝中产卵，孵化成幼虫，找到宿主后，靠吸血生活。硬蜱发育分为卵、幼虫、若虫、成虫阶段，在动物体上交配，然后落地产卵，一生产卵 1 次，产卵数达上千或上万个，卵小、呈圆褐色，自卵至成虫需 1 ~ 12 个月，吸血后离畜体隐蔽于洞穴或隙缝中，需吸血时再爬上畜体。

羊被蜱侵袭，多发生于放牧采食过程中，寄生部位主要在被毛短少部位，发病率很高，尤以羔羊和青年羊易患病，一般在70%以上，个别地方达100%。

图3-11-1 蜱虫形态

【**临床症状**】 >>>>

（1）**皮肤损害** 蜱寄生较多时贫血，皮肤损伤引来皮蝇、锥蝇在伤口产卵生蛆。

（2）**脓毒血症** 吸血传入金黄色葡萄球菌，对成年羊引起怀孕羊流产，公羊不育。体温为40~41.5℃，持续9~10天。羔羊关节、腱鞘、肋骨、脊柱发出脓肿。

（3）**蜱传热** 由蓖麻子蜱吸血传入羊欧立希氏病体，体温为40~42℃（经2~3周减退），沉郁，消瘦，母羊肌肉强直、站立不稳。30%母羊流产，病死率为23%，羔羊很少表现临床症状。

（4）**蜱麻痹** 由安氏矩头蜱、钝眼蜱、全环硬蜱、蓖麻子蜱、外翻扇头蜱叮咬时注入毒素（4~6天发病），后肢虚弱，共济失调，在几小时内变成麻痹，麻痹可发展到前肢、颈和头。眼睛突出，引发贫血，病程为2~4天。

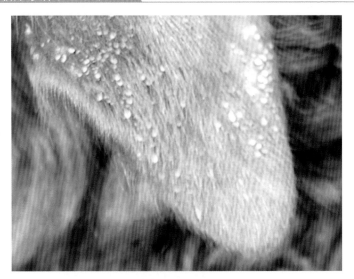

图 3-11-2　耳背沾满蜱虫

图 3-11-3　耳梢沾满蜱虫

图 3-11-4　耳边缘和眼周沾满蜱虫

【诊断要点】 >>>>

临床诊断：羊体可见有蜱。

【防治措施】 >>>>

（1）消灭体表的蜱虫

1）人工捕捉。如果饲养的羊数量不是很多，且在人员充足的情况下，可以采取人工捕捉除蜱的方法。可用尖嘴镊子在紧靠皮肤的地方沿着与皮肤垂直的方向拔出蜱虫，拔出蜱虫后如果伤口出血，要进行止血，同时用酒精或碘酊消毒。

2）粉剂涂抹。可用 3% 马拉硫磷或 5% 西维因、2% 害虫敌等粉剂涂抹在羊体表面，一般剂量为 30g。在蜱虫活动季节，每隔 7 ~ 10 天处理 1 次，可以预防蜱虫的发生。

3）药液喷涂。可用 0.2% 杀螟松或 0.25% 倍硫磷、1% 马拉硫磷、0.2% 害虫敌、0.2% 辛硫磷乳剂喷涂畜体，剂量为 200L/次，每隔 3 周处理 1 次；也可用氟苯醚菊酯 2mg/kg，1 次背部浇注，2 周后重复 1 次。

4）药浴。选用 0.05% 双甲脒或 0.1% 马拉硫磷、0.1% 辛硫磷、

0.05%地亚农、1%西维因、0.0025%溴氰菊酯、0.003%氟苯醚菊酯、0.006%氯氰菊酯等乳剂，对羊进行药浴。

此外，可皮下注射阿维菌素0.2mg/kg，1次注射或口服。

（2）消灭圈舍内的蜱虫 残缘璃眼蜱多在圈舍内的墙壁、地面、饲槽等缝隙中栖生，可选用上述药物喷洒，或粉刷后再用水泥、石灰或黄泥堵塞缝隙。必要时也可隔离，停用圈舍10个月或1年，使蜱无法寄生而死亡。

（3）消灭自然环境中的蜱虫 当环境中有大量蜱虫存在时，可采用轮牧的方式，相隔时间1~2年轮牧1次，使牧地上的成虫自然死亡，也可以进行烧荒（要防止火灾），破坏蜱虫的滋生地。

（4）放牧员防护 放牧员尽量穿浅色防护服，以便容易看清楚趴在衣服上的蜱虫。离开林地或者草木地时，应相互检查，勿将蜱虫带回羊场内。

十二、焦 虫 病

【简介】 >>>>

羊的焦虫病是由蜱虫传播、羊泰勒焦虫引起的一种血液寄生虫病，临床上以高热、贫血、黄疸和体表淋巴结肿胀为主要特征。焦虫病是羊各种寄生虫病中危害较大的一种，一旦发生会给养羊业造成较大损失。

【病原及流行特点】 >>>>

泰勒焦虫属于泰勒科、泰勒属的各种焦虫。

羊泰勒焦虫病的病原体有两种，一种是山羊泰勒焦虫，另一种是绵羊泰勒焦虫，两种都可以交叉感染山羊和绵羊。我国羊泰勒焦虫病的病原是山羊泰勒焦虫，多呈圆形，直径为0.6~1.6μm，一个红细胞内一般只有一个虫体，染虫率为0.5%~30%。

本病的传播媒介是青海血蜱的成蜱。由吸血蜱在吸血过程中致虫体进入羊体内，先侵入网状内皮系统的细胞（淋巴细胞、组织细胞、成红细胞,),形成石榴体,再进入红细胞内寄生,从而破坏红细胞,引起各种临床症状和病理变化。

　　羊焦虫病的流行季节为 5~8 月,6~7 月为发病高峰期(此时为蜱成虫活跃期);2 岁以下幼羊病势沉重,病期约 1 周,个别病羊突然发生死亡;外地引进的羊比当地的羊更易发病,且死亡率很高。

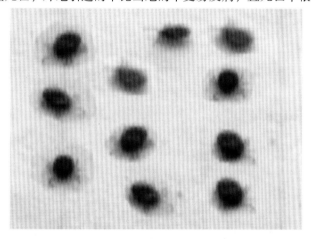

图 3-12-1　传播媒介:蜱虫

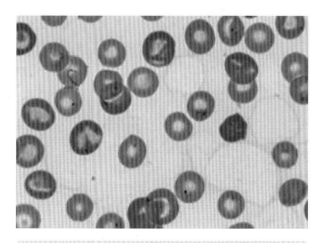

图 3-12-2　镜检红细胞:内有"石榴体"虫体

【临床症状】 >>>>

体温高达41℃以上，眼结膜初潮红，继而贫血、黄疸；采食减少至废绝，瘤胃蠕动减弱至完全停止，个别病例直至死前仍有食欲；病初粪便干燥，后期拉稀；体表淋巴结肿大似核桃，尤以肩前淋巴结最为明显，触诊有痛感，多数一侧大，另一侧小，两侧都肿大者较少；病羊迅速消瘦，精神委顿，低头耷耳、离群落后；直至衰竭而死。少数羊有血尿。

图 3-12-3 山羊高热、精神沉郁

图 3-12-4 山羊眼睛流泪

图3-12-5 绵羊高热、精神沉郁

图3-12-6 绵羊眼睛流泪

图 3-12-7　肩前淋巴结的检查位置

【剖检变化】 >>>>

　　肝脏肿胀、黄染，肾脏发黄、发黑、变硬，脾脏高度肿胀，胆囊明显增大，皱胃黏膜溃疡、出血，肠管有坏死灶等。

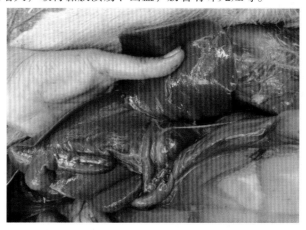

图 3-12-8　肝脏肿胀、发黄

图 3-12-9　肾脏被膜下出血、变黑

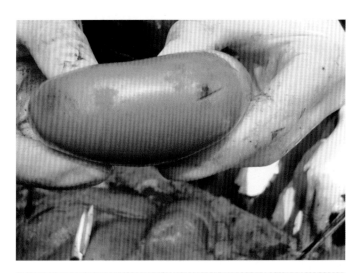

图 3-12-10　肾脏贫血、发黄、出血

图 3-12-11　脾脏高度肿胀

图 3-12-12　皱胃黏膜溃疡（自胡士林）

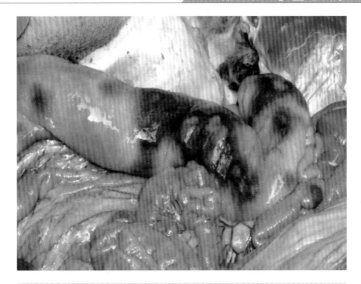

图 3-12-13 肠管坏死

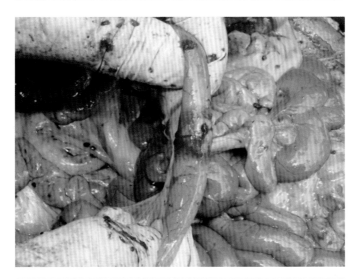

图 3-12-14 肠管坏死、穿孔（自胡士林）

【诊断要点】 >>>>

（1）**临床特征**　高热、黄疸、体表淋巴结肿大。

（2）**剖检变化**　肝脾肿大、胃肠溃疡。

（3）**实验室确诊**　在病羊发病初期采血涂片，姬姆萨染色境检，在红细胞内看到圆形、豆点样虫体即可确诊。

【预防措施】 >>>>

灭蜱是预防本病的关键，尤其在春、夏易发病季节，每隔半月用3%敌百虫液或0.05%双甲脒药浴。搞好检验检疫，不从流行区引进羊只，新引进的羊只，做好隔离观察。

【治疗措施】 >>>>

1）三氮脒（贝尼尔，血虫净）：5～7mg/kg稀释成5%的水溶液，深部肌肉分点注射，连用2～3天。

2）咪唑苯脲：每千克体重1～3mg，配成10%溶液肌内注射。休药期28天。

3）在治疗过程中配合适当的抗生素，防止继发感染；对于病重羊要强心补液，给以葡萄糖、右旋糖酐、三磷酸腺酐、樟脑磺酸钠等，以提高羊只抗病力。

第四章 普通疾病

一、瘤胃臌气

【简介】 >>>>

羊的瘤胃臌气俗称"肚胀"。本病是草料在瘤胃内停滞、发酵、产酸、产气，使瘤胃内迅速积聚大量气体，而致臌胀的一种前胃疾病。本病多发于春、冬两季。

【病因及发生】 >>>>

羊只长期喂饲干草，营养不足，导致消化机能衰退；或过食易于发酵的青料特别是突然饲喂大量肥嫩多汁的青草时最易发生本病。饲草腐败、变质，品质不良的青贮草料，以及放牧时过食带霜露雨水的牧草，都会导致大量饲草积于瘤胃，短时间内急速发酵，发生臌气。如果吃食大量的新鲜豆科牧草如豌豆藤、苜蓿、花生叶、三叶草等，由于含有丰富的皂角苷、果胶等，则引起泡沫性瘤胃臌气，治疗比较困难。

瘤胃正常气体的排出有3个途径：嗳气、肠道后送和瘤胃壁黏膜吸收。在臌气初期嗳气是主要的排气途径，但随着胃内气体和液面的上升，超过贲门时，则嗳气停止；由于臌气本身会引发交感神经高度兴奋，所以肠道后送气体停止；由于臌气致使瘤胃壁扩张变薄，壁内毛细血管受到压迫，通过吸收这条排气途径也会停止。急性瘤胃臌气形成，前突压迫心脏，缩小胸腔，导致循环和呼吸衰竭而死亡。

【临床症状】 >>>>

发病后腹部急剧鼓胀。病羊呻吟流涎，呼吸急促，四肢张开，头颈平伸，甚至张口伸舌；可视黏膜发绀，眼球突出，颈静脉怒张；左肷窝显著臌起，拍打似鼓；至后期，患病羊沉郁，走路蹒跚，突然倒地，惨叫、窒息、痉挛而死。

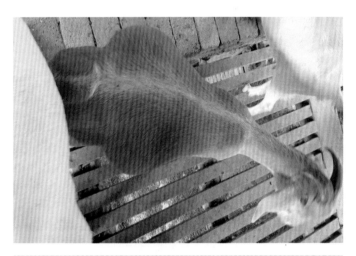

图 4-1-1　羊瘤胃臌气、左肷部明显凸出

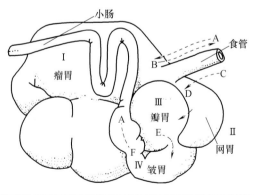

图 4-1-2　羊 4 个胃的解剖模式图

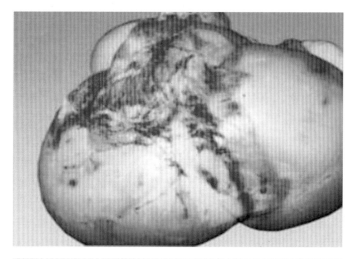

图4-1-3 臌气的瘤胃

【诊断要点】 >>>>

有易发酵饲草饲喂史；瘤胃膨胀拍打似鼓。

【预防措施】 >>>>

要合理配制日粮，严格控制饲喂量，保证饮水；春天饲喂或放牧青嫩多汁牧草时，要在太阳升起霜露散去之后进行；不喂腐败、变质的青贮饲料，更换饲料时要逐渐进行。

【治疗措施】 >>>>

治疗原则：排气灭泡、制酵缓泻、强心补液、保肝解毒。

治疗实施：

1）穿刺放气：可在左肷部最高处剪毛消毒，用小宽针刺破皮肤，随刺入套管针（或用粗针头直接刺入），拔出针芯，进行瘤胃放气。放气要缓慢。完毕后可从套管针孔注入灭泡止酵剂。

2）缓泻排毒：可灌服5%碳酸氢钠溶液1500mL洗胃，或用0.01%高锰酸钾液洗胃，促进瘤胃内容物排出，改善内环境；对因采食腐败饲料发病的羊只，可同时服吸附剂或泻下剂。

3）液体疗法：如果脱水严重，应及时补液，以达强心、保肝、补液、解毒之功效。

二、瘤胃积食

【简介】 >>>>

羊的瘤胃积食是羊只长期饲喂或突然贪食了大量粗纤维饲草，致使瘤胃容积扩张、内容物变硬滞塞、瘤胃黏膜压迫坏死，临床形成高度脱水和败血症的一种疾病。

【病因及发生】 >>>>

主要原因是羊群长期饲喂单一粗硬饲草，如秸秆类、未晒干的秧蔓类等，或突然过量采食粗纤维饲草，或饮水不足，或突然变换饲料皆可发生本病。

瘤胃积食形成后，坚硬的草团导致胃壁扩张，瘤胃黏膜受压迫，久之黏膜缺血、坏死甚至脱落。裸露无黏膜的胃壁则吸收胃内的各种毒素甚至微生物进入血液循环，形成败血症。内毒素中毒的羊只会出现精神沉郁，毒素会使心肌麻痹；高度脱水会导致血液黏稠，更加重了心脏负担。最终羊只会因败血症和心脏衰竭而死亡。

【临床症状及剖检变化】

发病初期，病羊精神不振，采食和反刍减少；继之精神沉郁，心跳和呼吸加快；严重时脱水严重，眼窝下陷，结膜发绀，鼻镜干燥，口角流涎，精神恍惚；左肷部略凸起，触诊坚硬如木；腹痛不安，摇尾，或后蹄踏地，弓背，咩叫；病后期因心肌麻痹而死亡。病程约5天。

死亡羊只瘤胃内积有粗纤维饲草，瘤胃黏膜充血、出血甚至脱落。

图4-2-1 羊吃了未晒干的地瓜秧

图4-2-2 病羊精神沉郁、头颈弯于胸侧

图 4-2-3　眼窝下陷、鼻镜干燥

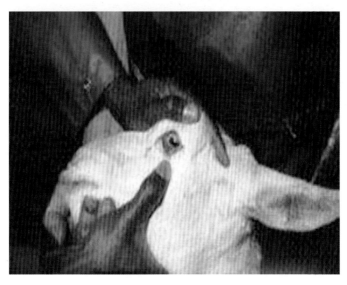

图 4-2-4　眼结膜高度充血、瘀血

图4-2-5　瘤胃凸起、坚固硬实

图4-2-6　胃内积有硬固草团（自吉生动保）

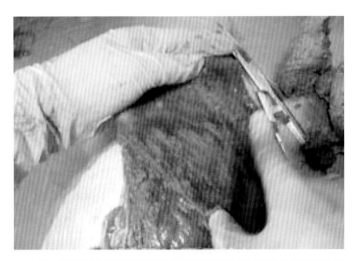

图4-2-7　瘤胃壁黏膜出血、坏死、脱落

【诊断要点】>>>>

过食粗硬饲草，瘤胃坚实如木。

【预防措施】>>>>

1）平时饲草精料搭配要合理，粗干草要铡碎或加工调制后饲喂，秧蔓类要鲜喂或者晒干。

2）一旦发现有积食症状，应停食1～2天，多饮水，增加运动量，同时用鞋底或扫把进行瘤胃按摩，出现反刍后再给予易消化的草料。

【治疗措施】>>>>

可采用保守疗法和手术疗法。

（1）保守疗法

1）可选择相应的缓泻和下泻药物，减少内容物，减轻积食对胃壁的压迫。

2）同时应用副交感神经兴奋剂，促进瘤胃蠕动，促进反刍。

3）严重者应予以洗胃疗法，并补充液体，纠正水、电解质及酸碱失衡。

（2）手术疗法 通过上述保守疗法无效时，应及时做瘤胃切开手术。

三、瘤胃酸中毒

【简介】 >>>>

羊只因过食精料，引发瘤胃微生物群紊乱，致使瘤胃壁发炎而大量积液，临床出现腹泻、脱水、自体中毒等一系列症状的疾病谓之瘤胃酸中毒。各种羊均有发生，但奶山羊多发。

【病因及发生】 >>>>

发病原因大多因管理不当羊只误食、偷食大量谷物，如玉米、小麦、高粱、煎饼糊、食用油等；或在羊饲料中误掺加了太多谷物饲料；或为了快速催肥而饲喂添加了过量谷物的饲料等，都会引起羊的瘤胃酸中毒。

在微生物区系发生紊乱后，大量有害菌如溶血性链球菌异常繁殖，造成严重的瘤胃炎。急性炎症造成大量的渗出液积于瘤胃内，造成脱水和腹泻；有毒液体吸收后便会出现自体中毒症状。

【临床症状】 >>>>

病初精神沉郁、食欲废绝、反刍停止，瘤胃轻度臌气；继而步态不稳，呼吸急促，心跳加快，瘤胃积液；后期目光呆滞，眼结膜充血，眼窝下陷，呈现严重脱水症状。

死前出现自体中毒表现：卧地、呻吟、流涎、磨牙、眼睑闭合，呈昏睡状态。常于发病后 3～5h 死亡。

大部分病羊表现口渴，喜饮水，尿少或无尿，并伴有腹泻症状。

图4-3-1　胶窝塌陷、剧烈腹泻

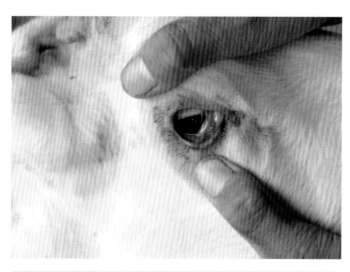

图4-3-2　眼窝塌陷、结膜潮红暗紫

图4-3-3 自体中毒、口角流涎

图4-3-4 眼睑闭合、口角流涎

【诊断要点】>>>>

有误饲精料史、瘤胃积液、脱水腹泻、自体中毒症状。

【预防措施】>>>>

1）精料（重点是谷物类）喂量一定按饲养标准投给，对于产前产后易发病的羊只应多喂品质优良的青干饲草。

2）对需补喂精料增膘和催奶的羊群，可在日粮中按补喂精料总量的2%添加碳酸氢钠。

3）加强羊群管理，防止偷食谷物饲料。

【治疗措施】>>>>

1）洗胃：插入胃管排出瘤胃内容物，然后用稀释后的石灰水1000～2000mL反复冲洗，或用0.01%高锰酸钾液反复洗胃，直至胃液呈中性清亮为止。抽出胃管前可投入普鲁卡因＋青霉素粉（此病可口服青霉素）。

2）静脉注射生理盐水或10%葡萄糖氯化钠溶液（500～1000）mL＋5%碳酸氢钠溶液（20～30）mL＋抗生素。

3）注意病羊表现兴奋甩头等症状时，及时应用20%甘露醇或25%山梨醇25～30mL给羊静脉滴注，降低颅内压，使羊安静。

4）当病羊中毒症状减轻，脱水症状缓解，而仍卧地不起时，可给其静脉注射葡萄糖酸钙20～30mL。

四、瘤 胃 异 物

【简介】>>>>

羊只因饲养管理不善、疏忽，误食了难以消化的各种软、硬异物，导致瘤胃及整个消化系统出现一系列异常表现，这在生产和临床上屡见不鲜，并造成一定损失，应引起重视。

【病因】 >>>>

主要原因是饲养和管理不当，使其误食了绳头、布料、塑料袋、废旧地膜、毛发、橡胶类等各种异物。有的是因饥饿，饥不择食而误食；有的是长期缺乏维生素、微量元素，造成异食癖而食之等。这些异物在瘤胃内是不能被消化的，久之则造成瘤胃蠕动迟缓、慢性瘤胃膨气、反刍嗳气障碍甚或阻塞网瓣胃孔，严重的会引发死亡。

【临床症状】 >>>>

病初病羊精神不振，食欲减退；继之反刍缓慢或停止，嗳气减少或消失，瘤胃蠕动次数减少且音弱波短，长期、反复出现瘤胃膨气。体温正常。病羊因消化不良、缺乏营养而出现腹泻和极度消瘦。怀孕羊流产，母羊泌乳减少至完全停止。临床药物治疗无效，以致死亡或淘汰。

剖检淘汰羊只，发现瘤胃存有不同的异物。

图 4-4-1　病羊极度消瘦、虚弱

图4-4-2　瘤胃内取出大量异物

图4-4-3　瘤胃内取出的塑料袋

图 4-4-4 瘤胃内取出的绳索等

图 4-4-5 瘤胃内各种异物

【诊断要点】 >>>>

反复前胃弛缓，药物治疗无效；瘤胃异物。

【防治措施】 >>>>>

1）严格饲养管理，饲喂时间要固定，而且饲喂要均匀，防止出现饥饱不均。

2）放牧草场要清洁，必要时要仔细检查，发现异物要清理捡拾后方可放牧。

3）饲草饲料配合要科学，维生素、微量元素等各种营养物质要齐全充足，避免发生异食癖病羊。

4）瘤胃内有异物在临床上是很难诊断的。凡是长期、反复瘤胃迟缓，药物治疗无效，渐进消瘦的羊只，值得怀疑。应立即做瘤胃切开术，既能瘤胃探查，又能解除病变。临床治疗效果极佳。不要延误手术时机，更不要随意淘汰。

五、食 毛 症

【简介】 >>>>>

本病是由于舍饲羊只因某些矿物质及微量元素缺乏而引起的一种代谢病，病羊常因异食羊毛而形成毛球使胃肠梗死而死亡。尤以冬、春季圈养羊羔常发。

【病因及发生】 >>>>>

主要原因是母羊及羔羊日粮中的矿物质钙、磷、钴和铜缺乏以及维生素含量不足，可导致矿物质代谢障碍。

哺乳期中的羊羔因羊毛生长速度快，需要大量丰富的蛋白质和必需的含硫氨基酸（胱氨酸、半胱氨酸和蛋氨酸），如果此类蛋白质或氨基酸供应不足，会引起羔羊食毛，并互相啃咬羊毛。另外，羔羊离乳后，放牧时间短、补饲不及时，羔羊饥饿时采食了混有羊毛的饲料和饲草亦可发病。新生羔羊在吮乳时误将羊毛食入胃内也可引起发病。成羊在饥饿状态、外寄生虫、孕期营养缺乏时也会出现自咬或互相啃咬食毛现象。

【临床症状】 >>>>

　　发病初期，羔羊啃咬母羊被毛、羊只啃咬自身被毛、羊只之间互相啃咬被毛。当食入的羊毛形成毛球在皱胃和肠道即可形成阻塞。轻者表现喜卧、磨牙、便秘、胃肠发生臌气；严重者腹痛、踩蹄、凹腰。治疗不及时可导致心脏衰竭死亡。

　　腹部触诊时多在皱胃摸到大小不等的硬块。

图 4-5-1　因缺乏营养严重啃毛、掉毛

图 4-5-2　左侧肘部被毛已被自己啃掉

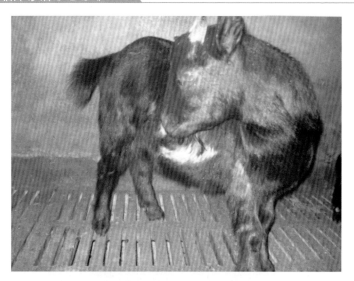

图4-5-3　患病羊自啃右侧胸壁被毛（无毛处为自己啃掉）

图4-5-4　皱胃取出陈旧性椭圆形毛球

图4-5-5　毛球破裂后露出的毛丝

图4-5-6　形状不规则的被毛凝结块

图4-5-7　新鲜毛球

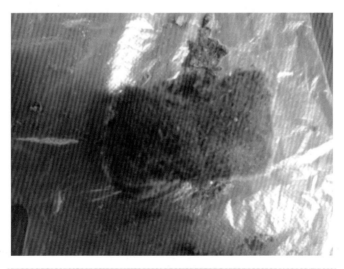

图4-5-8　毛球破解后的毛丝

【诊断要点】 >>>>

临床诊断较难，仅凭畜主口述及临床观察可以怀疑。病羊腹痛、踩蹄、凹腰也只能说明胃肠道有阻塞，但不能确定是毛球。确诊需手术。

【预防措施】 >>>>

1）改善饲料结构，平衡全价营养，对羔羊进行补饲，供给富含蛋白质、维生素和矿物质的饲料，特别是补给青绿饲料等。

2）对圈养羊只，投喂舔砖（以食盐为载体，钙、磷、铜、铁、钴、锰等十几种微量元素及矿物质混合制成），不但能增强羊的食欲，改善营养状况，而且可以预防本病的发生。

3）要注意分娩母羊和舍内的清洁卫生，对分娩母羊产出羔羊后，要先将乳房周围、乳头长毛和腿部污毛剪掉，清洁消毒后再让新生羔羊吮乳。

4）严格执行羊群定期驱虫制度，春秋两季药浴一定要彻底，定期饲喂驱虫药，防止发生寄生虫病。

【治疗措施】 >>>>

1）灌服植物油、液状石蜡、人工盐等泻药，配合体外下腹部人工上抬按摩，有一定效果。

2）病情严重的可用手术方法，按常规方法切开皱胃，取出毛球。

六、羔羊肺炎

【简介】 >>>>

羔羊肺炎是羔羊生产中较为常见又极易发生的疾病，如果得不到很好的预防和治疗，会造成因肺炎和并发症所引起的大批羔羊死亡，给养羊业造成重大经济损失。

【病因及发生】 >>>>

羔羊肺炎多发于 1～3 周龄羔羊，多与气温突变和舍温过低有关。阴雨连绵、潮湿阴冷、风雨袭击、圈舍不洁、氨味过浓是主要的继发因素。个别羔羊发病时和产程长、胎水异物吸入有关。

肺泡感染后，肺内炎性渗出液积于肺泡，影响气体交换，羔羊呼吸困难；严重时肺小叶实变，则减少了呼吸面积，呼吸困难加剧；氧气不能交换、二氧化碳体内蓄积，造成酸中毒，加重了呼吸困难；由于肺瘀血导致肺压升高，心肺循环障碍，心功能减弱；有毒有害物质包括微生物被吸收入血，败血症形成，加之心衰而最终死亡。

【临床症状】 >>>>

羔羊肺炎有较明显的临床特征。主要表现为食欲减退、精神倦怠；体温先升高后降低，口流清水，四肢僵硬；张口喘气，严重时出现腹式呼吸；心跳加快、结膜发绀，伴有感冒时则流鼻液等。肺部听诊有明显啰音出现。

图 4-6-1　羔羊精神沉郁（肺炎）

图 4-6-2　羔羊呼吸困难（肺炎）

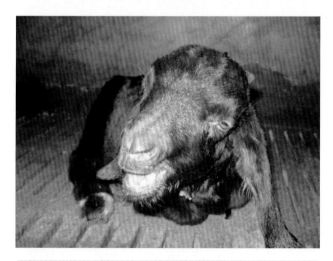

图 4-6-3　张口喘气（肺炎）

【剖检变化】 >>>>

典型病变在肺脏，呈暗红色，肺脏瘀血、出血、水肿，间质增宽，肺叶部分或大部分变实坏死；肝脏肿大瘀血呈黑色，胆囊肿大，胆汁稀薄等。严重的胸腔积液。

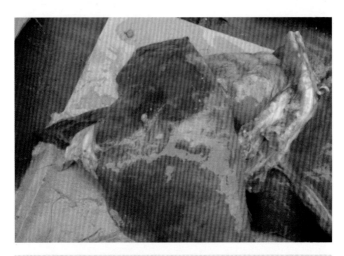

图4-6-4 肺叶炎症严重实变（肺炎）

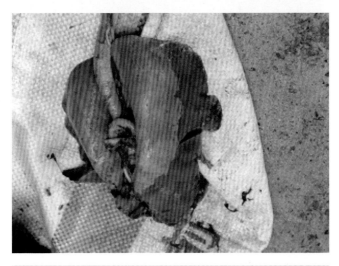

图4-6-5 肺叶因炎症大面积实变

图4-6-6 肝脏肿大瘀血、胆囊肿大

【诊断要点】 >>>>>

（1）**临床特征** 体温升高、呼吸困难、肺脏有啰音。

（2）**剖检变化** 肺叶实变、肝脏黑紫、胆囊肿大。

【预防措施】 >>>>>

做好羔羊肺炎防治既是育羔技术的关键环节，又是提高养羊效益的重要举措。主要针对1月龄以内羔羊抓好预防工作。

1）保持羊舍温度恒定，防止羔羊感冒。

2）在天气突变、温度忽高忽低时要注意采取保温措施。

3）要按照预产期派专人在圈内守候，对新生羔羊及时给予护理，防止羊水异物吸入肺中。

4）患有肺炎的羔羊要及时隔离，特殊护养。

【治疗措施】 >>>>>

治疗前要分清肺炎发生的根本原因，消除致病因素，根据不同原因给予治疗。

常用的治疗方法：肌内注射、气管内注射、胸腔注射、静脉注射等。

常用的药物：抗生素、退烧药物、维生素类、平喘止咳类等。

七、腹　泻　症

【简介】 >>>>

羊腹泻症即拉稀，是最为常见的一种羊病，多因饲养管理不当和微生物传播造成。腹泻可直接导致消化不好、吸收不良和生长发育迟缓，严重时常引起小羊和弱羊发生脱水而死亡。

【病因及发生】 >>>>

发生腹泻常见原因有：过食或风寒造成的消化不良；大量摄入冰冷不洁饲料和饮水；胃肠道寄生虫所引起；饲草饲料霉变；慢性肠炎、部分微生物等。

由于腹泻，会造成肠道微生物区系的紊乱，正常处于劣势的有害菌群趁势活跃并产生毒素，加重腹泻和心肌麻痹；而微生物群的紊乱致使不能正常合成 B 族维生素；同时肠道内大量碱储因腹泻而被排出，又导致酸中毒；因腹泻机体明显脱水，致血液黏稠，加重心脏负担。若治疗不及时则小羊和弱羊有可能死亡。

【临床症状】 >>>>

消化不良引起的腹泻：体温一般正常，稀便中常带有未消化的草料残渣，粪便酸臭，但病羊仍保持一定的食欲。

胃肠道寄生虫引起的腹泻：体温一般也不高，腹泻较轻、时好时坏，吃喝基本正常，并可在病羊粪便中发现虫体。

霉变饲料引起的腹泻：有轻有重。

梭菌引起的腹泻：体温升高，精神沉郁，食欲减退或废绝，粪便恶臭，常带有黏液或血液，病情一般较重。羔羊多有神经症状。

图 4-7-1 正常羊群粪便呈颗粒状

图 4-7-2 发病羊只粪便变软粪

图 4-7-3 发病羊只粪便污染肝门周围

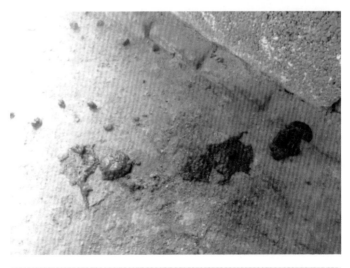

图 4-7-4 稀软粪便中含有未消化饲料

图4-7-5 稀粪便形成

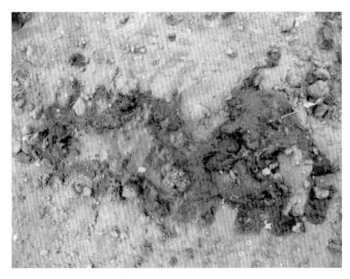

图4-7-6 粪稀如水，内含草团

【剖检变化】 >>>>

主要病变在小肠，肠黏膜水肿、出血；肠腔内有的含有气体和液体，有的含有血液。

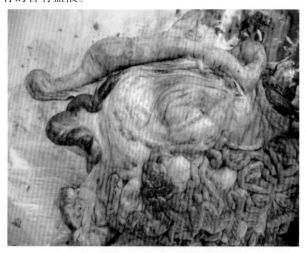

图4-7-7　小肠内含有血便

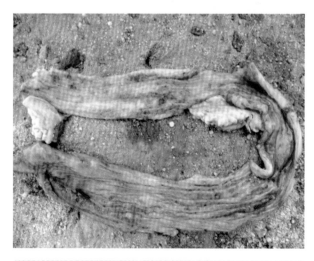

图4-7-8　空肠黏膜条状出血

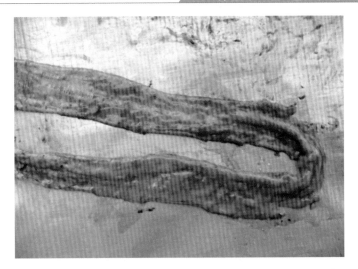

图4-7-9 空肠黏膜弥漫性出血

【诊断要点】 >>>>

主要依据腹泻、不发热、有食欲等临床特征来确诊。

【防治措施】 >>>>

1）首先要消除和避免各种诱发因素，在母羊产前，羊舍应彻底清扫并用20%石灰水或2%氢氧化钠消毒。

2）羔羊出生后要尽早让其吃上初乳，以增强自身免疫力。

3）不要盲目应用止泻剂，以防毒素蓄积吸收。可口服吸附剂和肠道消炎剂，饮用口服补液盐或电解多维水，以防脱水；必要时应用抗生素或输液等疗法。

八、疝

【简介】 >>>>

羊的疝气又称为赫尔尼亚，是腹腔脏器从天然孔道或异常孔道脱出至皮下或进入其他腔洞的一种疾病。常见的有脐疝、腹壁疝和会阴疝。

【病因】>>>>

羊发生疝气有先天性缺损和病理性缺损两种原因，后者常因外力作用，或腹压剧增所引起。

【临床症状】>>>>

（1）脐疝　腹腔脏器通过脐孔而脱入皮下的病症，多为先天性的脐孔闭合不全或腹壁发育有缺陷。常见于刚初生几天的羔羊，一般1岁以上者较少发生。

常见在腹下部的稍后方有一明显可见的呈半圆形的肿胀物，触之柔软、没有痛感且易压回腹腔。疝内容物多为小肠及其肠系膜，其大小不等，小者如核桃，大者似拳头。内容物返回腹腔后，可触摸感知疝孔的状态。

图4-8-1　腹下可复性脐疝

（2）**腹壁疝**　腹壁疝是因在顶架斗殴、棍棒打击、跳跃摔倒等外力的作用下，导致腹壁肌肉断裂、而皮肤还能保持完整性，此时腹腔脏器脱出于皮下，腹壁疝形成。脱出的内脏多为小肠、大网膜、皱胃等。腹压增大时，疝囊加大；压迫疝囊则内容物返回腹腔。此种疝称为可复性疝，否则称为不可复性疝。

图 4-8-2　右下腹侧可复性腹壁疝

不可复性疝可能是疝内容物和疝囊粘连，也可能是疝孔卡住疝内容物，形成嵌钝性疝。嵌顿性疝临床症状严重。羊只出现心跳加快、踩蹄努责、回头顾腹等症状。如果出现口角流涎、呼吸急促、疼痛反而消失时，则可能发生了肠坏死，应立即手术治疗。

（3）**会阴疝**　会阴疝是指腹腔或盆腔脏器，经盆腔后直肠侧面结缔组织间隙突至会阴部皮下的一种外科病。病因多为长时间便秘、直肠憩室、直肠黏膜损伤、会阴部肌肉萎缩、强烈努责等因素造成。发病羊表现为肛门一侧或两侧突起，排便、排尿困难，并伴有腹痛。

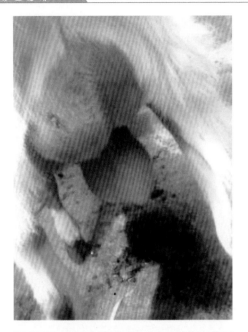

图4-8-3　会阴疝（公羊）

【防治措施】 >>>>

临床上对于疝的治疗一般为手术治疗。

1）脐疝和腹壁疝：可通过手术疗法将内脏送回腹腔内。如内容物与囊壁粘连，可小心将粘连处进行剥离，封闭疝孔，将多余的囊壁及皮肤做对称切除，缝合手术创口。

2）会阴疝：手术方法很多，但都是以缝合骨盆膈膜构成肌为基本方法。

九、蹄　病

【简介】 >>>>

羊的蹄病包括蹄叶炎、蹄冠炎、腐蹄病、蹄底化脓、蹄角质过长等。临床上蹄病发生率很高，而且治疗效果往往不太理想，甚至因为蹄病而被淘汰。目前是养羊业危害较大的疾病之一。

【病因及临床症状】 >>>>

（1）**蹄叶炎** 多发生于分娩时或突然变换饲料之后；或伴发于肠毒血症、肺炎、子宫炎、乳腺炎等。春草蛋白含量较高，也可能成为病因之一。这些因素都会直接或间接产生大量酸性物质，刺激蹄部最末端毛细血管，使其产生过敏反应，渗出增加。渗出液压迫蹄小叶而产生剧烈疼痛。

病羊患蹄直立、蹄尖着地、不敢负重；运动时出现以支跛为主的跛行，蹄壁热、痛明显。

图4-9-1 左前肢系部直立、蹄尖着地、不敢负重（蹄叶炎）

（2）**蹄冠炎** 蹄冠位于蹄壳边缘之上的无毛处。蹄冠皮肤因外部或蹄内病原刺激而发生炎症，严重者可形成蜂窝织炎或脓肿。甚至在蹄冠部位发生溃烂，挤压患部有发臭脓样液体流出。

图4-9-2 左后肢系部直立、
蹄尖着地、不敢负重（蹄叶炎）

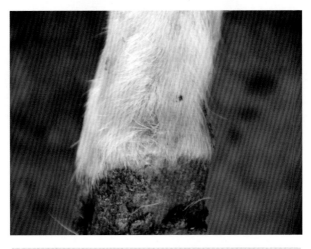

图4-9-3 不敢负重、蹄冠部位红肿（蹄冠炎）

图 4-9-4 左侧蹄瓣蹄冠部溃烂

图 4-9-5 蹄冠部上方肿胀发红

（3）**腐蹄病**（蹄叉腐烂） 是养羊中最常见且最为严重的一种蹄病。饲草饲料中钙、磷不平衡，微量元素锌、铜等缺乏，致使蹄部疏松；圈舍泥泞不洁，特别是雨天，蹄部长时间被雨水、粪尿浸泡侵蚀而趾间皮肤软化感染坏死杆菌而发病；趾间隙被异物刺伤或被蚊虫叮咬也极易感染发病。

图4-9-6 不敢负重、跪卧吃草（腐蹄病）

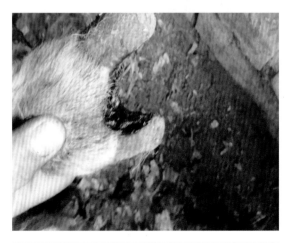

图4-9-7 蹄叉肿胀（腐蹄病）

图4-9-8　蹄叉腐烂（腐蹄病）

图4-9-9　蹄叉腐烂疮面（腐蹄病）

（4）**蹄底化脓** 或因蹄底刺疮而得，或因腐蹄病蔓延所致。症见蹄底化脓、蹄踵部化脓；明显影响运动和采食，严重的会有体温升高、心跳加快等。如果脓汁被吸收，可继发肺炎、子宫炎、乳腺炎等，甚至导致败血症而死亡。

图4-9-10　不敢负重（轻度腐蹄病）

（5）**蹄角质过长** 羊只长期圈养舍饲，蹄尖壁生长过长或歪于一侧而又不及时修剪所致。

羊站立时铺蹄卧系，趾尖前伸上翘似"雪橇"，严重影响羊的采食和行走。

图 4-9-11　蹄过长、蹄尖上翘

【防治措施】 >>>>

1）对急性蹄叶炎患蹄，及时做冷水浴，制止渗出，减少疼痛。同时用普鲁卡因＋青霉素做指（趾）神经或掌（跖）神经封闭，效果好。

2）对蹄冠炎尚未化脓的可以参照蹄叶炎法治疗。对于已经形成蜂窝织炎或脓肿的，应及时切开、排脓、冲洗、包扎防污染，应用抗生素。

3）对于腐蹄病（含蹄底化脓），轻度患病羊在予以清理疮面后，消毒包扎，放干净栏舍饲养。每天用10%硫酸铜溶液浸泡病蹄2次，每次浸泡5～10min，直到病羊痊愈为止。

对严重的腐蹄病，应彻底清除坏死组织和异物，直至露出新鲜组织为止；用过氧化氢溶液反复冲洗，用稀碘酊强力消毒；拭干后填塞抗生素粉，脱脂棉覆盖后打蹄绷带。外面再用透气的雨布包括整个蹄部予以包裹。5~7天后复查。注意：要注射破伤风抗毒素血清，必要时予以输液。

对羊腐蹄病发病率较高的羊群，可在羊舍进出口的水泥消毒池内放入10%硫酸铜溶液，待羊群进出羊舍时，让其在硫酸铜溶液中停留数分钟。对防治羊腐蹄病既有效又经济实用。

4）对过长蹄或不正蹄形进行修剪。其方式是：把羊蹄用水浸软，把羊只侧卧在地面上，用果树剪将过长局部剪去，一次不要剪过多免得伤及内部蹄真皮。对过长蹄和蹄形不正的羊应多次进行修蹄。

十、生　产　瘫　痪

【简介】 >>>>

羊生产瘫痪又称为乳热病或低血钙症，为血钙降低所导致的急性而严重的内分泌紊乱性疾病。对母羊和母羊生产造成较大威胁。

【病因及发生】 >>>>

据测定，病羊血液中的糖分及含钙量均降低。血糖低和怀孕中后期只重视高蛋白、高脂肪成分的饲料饲喂，而忽视或减少了粗纤维饲料，即减少了生糖物质有关。而钙含量降低是由于内分泌紊乱所致。初乳中钙含量较高，降钙素分泌使大量血钙随初乳排出，正常情况下，血钙降低时则甲状旁腺素应该分泌增加，溶解骨钙补充血钙。而此时，降钙素抑制了甲状旁腺素的骨溶解作用，还在继续降钙，以致羊只调节过程不能适应，而变为低钙状态，引发此病。

舍饲、产乳量高及怀孕末期营养良好的羊只多发；山羊和绵羊均可患病，但山羊多发；2~4胎的高产山羊，几乎每次分娩后都重复发病。此病主要见于成年母羊，发生于产前或产后数日内，偶尔见于怀孕的其他时期。

【临床症状】 >>>>

症状出现多见于分娩之后，少数的病例见于怀孕末期和分娩过程。

由于钙的作用是维持肌肉的紧张性，故在低钙血情况下病羊总的表现为衰弱无力、凹腰（伸伸懒腰）。

病初后肢软弱，步态不稳；有的羊倒后起立很困难；停止排粪和排尿；针刺皮肤反应很弱。

少数羊知觉意识完全丧失，发生极明显的麻痹症状，呼吸深而慢。病羊常呈侧卧姿势，四肢伸直，头弯于胸部；有的则两后肢叉开，卧于地面。体温逐渐下降，有时降至36℃。

有些病羊往往在没有明显症状时死亡。

图 4-10-1　病羊轻度腿软

图4-10-2 病羊两肢叉开重度瘫痪

图4-10-3 病羊昏迷、头贴于胸侧

【诊断要点】 >>>>

1）临床5大特征：意识丧失、消化道麻痹、四肢瘫痪、体温降低、低血钙。

2）早期常见"伸懒腰"动作。

3）补充钙剂效果明显。

【预防措施】 >>>>

1）怀孕羊应喂给富含矿物质的饲料。

2）对于习惯发病的羊，于分娩之后应及时注射：5%氯化钙40～60mL，25%葡萄糖80～100mL。在分娩前后1周内，每天给予蔗糖15～20g。

【治疗措施】 >>>>

治疗原则：提升血钙、减少丢钙、对症治疗。

治疗实施：

（1）提升血钙 按羊每千克体重：10%葡萄糖酸钙1.5mL＋10%葡萄糖2mL＋生理盐水＋强心剂，1次静脉注射。

（2）减少丢钙 采用乳房送风法。使羊稍呈仰卧姿势，挤出少量乳汁；乳头管口周围消毒后插入导管针直达乳腺乳池，通过导管注入空气，直到乳房充满为止。用手指叩击乳房呈鼓音，为充满空气的标志。为了避免送入的空气逸出，在取出导管时，应用手指捏紧乳头，并用胶带粘住乳头管口。经过25～30min将胶带取掉。期间可小心按摩乳房各叶数分钟。如果注入空气后6h情况并不改善，应再重复做乳房送风。

（3）对症治疗

1）补磷：当补钙后，病羊精神正常但欲起不能时，多伴有低磷血症。此时可应用20%磷酸二氢钠溶液100mL，1次静脉注射。

2）补糖：随着钙的供给，血液中胰岛素的含量很快提高而使血糖降低，有时可引起低血糖症，故补钙的同时应当补糖。

3）促进肠蠕动：可用温水灌肠或药物治疗。

十一、佝 偻 病

【简介】>>>>

羊的佝偻病是羔羊在生长发育过程中，因钙、磷代谢障碍所引发的骨发育不良而变形的非炎性疾病。多发生在冬末春初季节。

【病因及发生】>>>>

维生素 D 缺乏在本病的发生中起着重要作用。维生素 D 能够促进钙的吸收和沉积。由于冬末春初光照不足，加之气温寒冷羊只很少在户外活动，缺乏阳光照射，进而合成维生素 D 减少。直接影响了钙、磷的吸收和血液内钙、磷的平衡。钙不足导致骨骼不能硬化，而随着羊的体重在增长，骨骼特别是长骨和关节便出现了变形，即形成佝偻病。

【临床症状】>>>>

患病轻者主要表现为生长迟缓，异食；喜卧不活泼，卧地起立缓慢，往往出现跛行，行走步态摇摆，四肢负重困难，触诊关节有疼痛反应；病程稍长则关节肿大，以腕关节、球关节较明显；四肢明显弯曲，形成 X 形和 O 形腿；患病后期，病羔以腕关节着地爬行，躯体后部不能抬起；重症者卧地，呼吸和心跳加快。

图 4-11-1 羔羊因腿疼喜卧地不起

图 4-11-2 球关节肿胀、形成 O 形腿

图 4-11-3 腕关节肿胀、形成 O 形腿

【诊断要点】 >>>>

异食、疼痛、运动障碍、骨骼变形。

【预防措施】 >>>>

1）加强怀孕母羊和泌乳母羊的饲养管理，饲料中应含有较丰富的蛋白质、维生素 D 和钙、磷，并注意钙、磷配合比例，供给充足的青绿饲料和青干草，增加运动和日照时间。

2）羔羊饲养更应注意，有条件的喂给干苜蓿、胡萝卜、青草等青绿多汁的饲料，并按需要量添加食盐、骨粉、各种微量元素等。

【治疗措施】 >>>>

1）用维生素 A、D 注射液 3mL 肌内注射；亦可用维丁胶性钙 2mL 肌内注射，每周 1 次，连用 3 次。

2）精制鱼肝油 3mL 灌服或肌内注射，每周 2 次。

3）补充钙剂可用 10% 葡萄糖酸钙注射液 5～10mL 静脉注射。

注意： 首补维生素 D，辅以钙、磷。

十二、阴道脱出

【简介】 >>>>

阴道脱出是阴道壁部分或全部外翻脱出于阴门之外的疾病。阴道黏膜暴露在外面，引起黏膜发炎、溃疡甚至坏死。怀孕后期极易发生。

【病因】 >>>>

饲养不良是主因，霉菌毒素是继发因素。由于营养不足，加以赤霉毒素的影响，致使阴道周围的组织和韧带弛缓；怀孕后期腹压增大，加大了阴道脱出的可能性。体弱、年老母羊更易发生。

【临床症状】 >>>>

临床上见有完全脱出和部分脱出两种。

完全脱出时，脱出的阴道如拳头大，也可见阴道连同子宫颈脱出。部分脱出时，仅见阴道入口部脱出，大小如桃。卧下时脱出物增大，站立时回缩略变小。

外翻的阴道黏膜发红、青紫，局部水肿。黏膜损伤后可形成出血或溃疡。病羊在卧地后，常被污物、垫草污染脱出阴道黏膜。严重者，可有体温升高等全身症状。

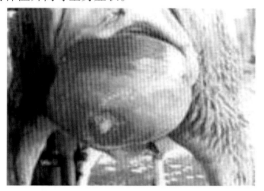

图 4-12-1　阴道壁全部脱出，可见子宫颈口

图 4-12-2　阴道全部脱出并形成溃疡灶

【防治措施】 >>>>

1）孕羊应加强饲养、全价营养，防止阴道脱出。

2）对已脱出的阴道壁，用0.1%高锰酸钾温溶液清洗，水肿严重时可针刺放液，减小体积，以利回送。局部涂擦抗生素软膏后，用消毒纱布托住脱出部分，由基部缓慢推入骨盆腔，基本送完时，用拳头顶进阴道。为防止再脱出，可做指枕减张缝合阴门固定；也可在阴门两侧深部注射刺激剂，使阴唇肿胀固定；对形成习惯性脱出者，可用粗线对阴道壁与臀部之间做缝合固定。

3）应用抗生素和补中益气中药。

十三、子宫脱出

【简介】 >>>>

母羊子宫脱出是常见产科疾病之一，脱出的子宫黏膜常因血液循环障碍和污染引起黏膜充血、瘀血、发炎、破溃甚至坏死，导致败血症或子宫切除或不孕，给羊业生产带来一定损失。

【病因】 >>>>

1）母羊饲喂草料较差，膘情低下，因营养不良、运动不够、中气不足常发生子宫脱出。

2）老龄且怀羔较多的母羊更为突出，分娩前后除表现产羔无力、难产、生产瘫痪等疾病外，常见子宫全脱。

3）分娩或胎衣不下时努责过强、助产时强行拉出胎儿等，也是发生子宫脱出的直接原因。

4）胎儿过大及多胎妊娠，可引起子宫韧带过度伸张和弛缓，产后也易发生子宫脱出。

【临床症状】 >>>>

病羊消瘦、虚弱；心跳加快，呼吸促迫，结膜发绀，烦躁不安；

时有努责，子宫部分或全部脱出于阴门之外；病羊由于频频努责，疼痛不安且有出血现象，若不及时采取措施，常会发生出血性或疼痛性休克死亡；因子宫脱出较久，精神沉郁的病羊常因败血或衰竭而死亡。

图 4-13-1　双子宫部分脱出

图 4-13-2　子宫全部脱出、子宫阜外翻

【预防措施】 >>>>

1）孕期应加强饲养管理，保证饲料质量，保证羊有足够的运动，以增强子宫肌肉的张力。

2）多胎的母羊，在产后14h内必须专人护理，以便及时发现病羊，尽快予以治疗。

3）胎衣不下时，绝不要强行拉出，以免发生子宫脱出；需要拉出胎儿但产道干燥时，应给产道内涂灌油类或润滑剂，以预防子宫脱出。

【治疗措施】 >>>>

实施子宫整复术。

早期整复可以使子宫复原。步骤如下：首先剥离胎衣，用0.01%高锰酸钾溶液或3%明矾溶液清洗子宫，去除子宫黏膜上沾污的所有异物，然后将羊后肢提起，将双子宫按顺序逐一缓慢推入骨盆腔，术者手臂伸入子宫内予以探查，确保无子宫壁内翻。使用脱宫带防止子宫再次脱出。

子宫黏膜水肿严重时，应予以针刺放液减压后还纳子宫。

无法整复或子宫壁上有很大裂口、创伤或坏死时，应实行子宫摘除术。

十四、胎 衣 不 下

【简介】 >>>>

羊的胎衣不下是指怀孕羊在产后4~6h内，胎衣仍未排出。本病在羊群中发生率较低。

【病因】 >>>>

发生本病多因怀孕羊缺乏运动，饲料中缺乏钙盐、维生素，蛋白质饲喂不足等，致母羊饮饲失调，营养不良，体质虚弱。从解剖结构上来看，羊的子宫具有子宫阜，和胎衣是紧密连接在一起的，客观上胎衣排出要慢一些。此外，子宫炎、布氏杆菌病等可导致胎衣粘连。羊缺硒可致胎衣不下。

【临床症状】 >>>>

临床上可见病羊食欲减少或废绝，精神较差；喜卧地、弓腰、努责、下蹲；常见阴门外悬垂露出的部分胎衣；胎衣滞留2天不下者，则可发生腐败，从阴门流出污红色腐败恶臭的恶露，其中杂有灰白色未腐败的胎衣碎片等。当全部胎衣不下时，部分胎衣从阴户中垂露于后肢跗关节部。

图 4-14-1　患羊喜卧、举尾努责

图4-14-2　患羊下蹲、努责、部分胎衣露于阴门外

【诊断要点】 >>>>>

超出胎衣排出时间，胎衣悬垂于体外。

【防治措施】 >>>>>

1）产后不超过24h的，可应用垂体后叶素注射液、催产素注射液或麦角碱注射液0.8~1mL，1次肌内注射。

2）应用药物疗法已达72h而不见效者，宜手术取出胎衣。

保定好病羊，按常规准备及消毒后进行手术，术者一手握住外露的胎衣并将其拧成绳索状，稍用力向外牵拉；另一手沿胎衣表面伸入子宫轻轻剥离胎盘。一边剥离一边绳一边外拉，直至胎衣全部拉出。向子宫内灌注抗生素或防腐消毒药液，防止发生子宫内膜炎。

3）中药灌服效果好。

十五、子宫内膜炎

【简介】>>>>

羊的子宫内膜炎是指子宫黏膜的炎症，是繁殖母羊一种常见的生殖系统疾病。此病是导致母羊不孕的重要因素之一。临床上以化脓性和坏死性炎症为多见，以屡配不孕，经常从阴道流出浆液性或脓性分泌物为特征。

【病因】>>>>

多因难产时人工助产消毒不严引起子宫感染，以及流产和胎衣停滞引起子宫内胎衣腐败分解而导致本病发生。

【临床症状】>>>>

1）急性子宫内膜炎常见频频努责、弓腰、举尾，外阴部污染，流出脓性、血性分泌物，尤其当卧地后，从阴道流出白色污秽样脓性分泌物。体温升高，食欲明显下降。

2）若体温升至41℃以上，食欲废绝，精神高度沉郁，可视黏膜有出血点，则为败血性子宫内膜炎。

3）慢性子宫内膜炎没有体温变化，食欲正常，唯有经常从阴道排出浆液性分泌物，正常发情，但是屡配不孕。

图4-15-1 病羊弓腰、举尾

图 4-15-2　病羊下蹲做排尿姿势，排出白色脓性分泌物

【诊断要点】>>>>

弓腰举尾、不断努责、阴门排出脓性分泌物。

【防治措施】>>>>

1）助产时应做好器械、术者手臂和羊的外阴部的清洁消毒工作。

2）产羊后要及时检查胎衣排出情况和子宫内是否还有未产出的胎儿，以便及时采取措施。

3）子宫冲洗是必要且有效的治理措施之一：利用子宫冲洗器械，将消毒液注入子宫并导出，反复进行，直至导出的冲洗液透明为止。

4）已出现全身症状的应及时应用抗菌药物，必要时进行输液疗法。

十六、乳　腺　炎

【简介】>>>>

羊乳腺炎是指乳腺、乳池、乳头的局部炎症，多发于绵羊和山羊的泌乳期。常见的类型有浆液性乳腺炎、纤维素性乳腺炎、化脓性乳腺炎和出血性乳腺炎。隐性乳腺炎的发病率很高。虽属个别羊只发病，但对于哺乳羔羊影响很大。

【病因】 >>>>

多见于挤乳技术不熟练，损伤了乳头、乳腺体；或因挤乳工具不卫生，使乳房受到细菌感染所致。亦可见于子宫炎、口蹄疫、结核病、蹄病和脓毒败血症等过程中的血性感染。

引起乳腺炎的病菌包括细菌、霉行体等20余种。90%的乳腺炎是由革兰氏阳性菌中的金黄色葡萄球菌和链球菌感染所致，其中以溶血性金黄色葡萄球菌、无乳链球菌危害最严重；另有绿脓杆菌和大肠杆菌等。这些病菌可单独感染，也可混合感染。病菌一般是通过乳头管或乳房的损伤口侵入乳腺内，有时也可经血液或淋巴液而感染。

【临床症状】 >>>>

临床上按病程可分为急性和慢性两种。

（1）急性乳腺炎 患病乳区发热、增大、疼痛；乳房淋巴结肿大；乳汁或黄色黏稠，或微红稀薄，或稍绿色生姜味，或暗褐色粪臭味；混有絮状物或呈粒状物；触摸乳房或紧张有弹性并疼痛，或内有结节感觉。

重症时可出现不同程度的全身症状，表现食欲减退或废绝，瘤胃蠕动和反刍停滞；体温高达41～42℃；呼吸和心搏加快，眼结膜潮红。严重时眼球下陷，精神委顿。患病羊起卧困难，有时站立不愿卧地，有时体温升高持续数天而不退，急剧消瘦，常因败血症而死亡。

（2）慢性乳腺炎 多因急性型未彻底治愈而引起。一般没有全身症状，患病乳区组织弹性降低、僵硬；触诊乳房时，发现大小不等的硬块；乳汁稀、清淡，泌乳量显著减少，乳汁中混有粒状或絮状凝块。

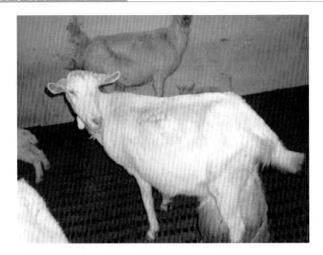

图 4-16-1 乳房肿胀

图 4-16-2 坏死性乳腺炎

图4-16-3 乳房红肿、积血

宋明华 摄

图4-16-4 金黄色葡萄球菌乳腺炎

255

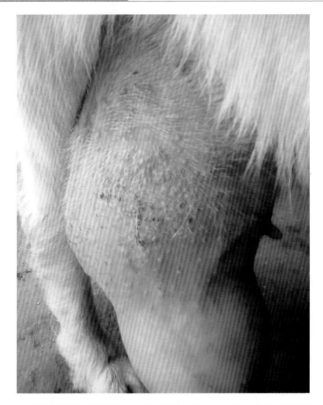

图4-16-5　乳房上部肿胀

【诊断要点】 >>>>

（1）**急性乳腺炎**　红肿热疼、泌乳障碍。

（2）**慢性乳腺炎**　无热无疼、增生硬肿、乳汁稀少。

【预防措施】 >>>>

1）清洁圈舍，定期给棚圈消毒。

2）经常清洗乳房及乳头并消毒。

3）怀孕后期不要停奶过急，停奶后将抗生素注入每个乳头管内。

4）乳用羊要定时挤奶，一般每天挤奶3次为宜；产奶特别多而羔羊吃不完时，可人工将剩奶挤出和减少精料。

5）分娩前如乳房过度肿胀，应减少精料及多汁饲料。

【治疗措施】 >>>>

1）急性乳腺炎初期可用冷敷，中后期用热敷。

2）乳房基部封闭：用青霉素160万单位＋0.5％普鲁卡因20mL，在乳房基底部或腹壁之间，用封闭针头进针4～5cm注入，每天封闭1次。

3）将乳腺乳池和乳头乳池的乳汁挤净后，自乳头管口注入抗菌药物，并向上按摩推送。

4）对乳房极度肿胀、体温高热的全身性感染羊只，应及时用抗菌药进行全身治疗。

5）对于慢性增生性乳腺炎病羊应及时予以淘汰。

读者信息反馈表

亲爱的读者：

您好！感谢您购买《羊病临床诊治彩色图谱》一书。为了更好地为您服务，我们希望了解您的需求以及对我社图书的意见和建议，愿这小小的表格为我们架起一座沟通的桥梁。

姓　　名		从事工作及单位		
通信地址			电　话	
E- mail			QQ	

1. 您喜欢的图书形式是

□系统阐述　□问答　□图解或图说　□实例　□技巧　□禁忌　□其他_____

2. 您能接受的图书价格是

□10 ~ 20 元　□20 ~ 30 元　□30 ~ 40 元　□40 ~ 50 元　□50 元以上

3. 您认为该书采用彩色印刷是否有必要？

○是　○否

4. 您觉得该书存在哪些优点和不足？

5. 您觉得目前市场上缺少哪方面的图书？

6. 您对图书出版的其他意见和建议？

您是否有图书出版的计划？打算出版哪方面的图书？

为了方便读者进行交流，我们特开设了养殖交流 QQ 群：487405855，欢迎广大养殖朋友加入该群，也可登录该群下载读者意见反馈表。

请联系我们——

地　　址：北京市西城区百万庄大街 22 号　机械工业出版社技能教育分社（100037）

电　　话：（010）88379761　88379243

传　　真：68329397　E-mail：12688203@ qq. com

书号：978-7-111-45467-0

定价：25.00

书号：978-7-111-49325-9

定价：29.90

书号：978-7-111-49781-3

定价：26.80

书号：978-7-111-50354-5

定价：25.00

书号：978-7-111-45863-0

定价：26.80

书 目